带给你春夏秋冬一年四季的乐趣

简单又可爱

风工房的
简单小物钩编

[日] 风工房 / 著
郑舟顺 / 译

中国纺织出版社有限公司

前言

棒针编织和钩针编织都是只要记住基本的编织方法，任凭谁都能轻松开始的手工艺。即便是中途停下来稍事休息，任何时候也都可以接着开始编织。由于编织所用的针和线都是轻便的物品，方便携带，十分适合在旅行的途中随时开始编织，即使是被问及所编织的为何物时，也可以以此为契机轻松地一边编织一边与对方展开对话，丝毫不影响交流。

2013年到2015年的两年间，在以《漂亮的手工制作》命名的NHK电视教科书中，我向读者呈现了一系列以编织随身物品为主题的设计作品。并称其为“简单又时尚的物品”。随着一年的不断更新，时间如白驹过隙。因为编织这些物品充满挑战，所以让人觉得十分有趣。

在本书里，我挑选了上述连载作品中的人气作品以及加入了一些全新的作品。这本书对于我来说非常有纪念意义。

新作品里面，加入了使用少量细线做成的袜子，用棒针编织的阿兰图案的连指手套等。希望您能从这本书中找到您想要编织的物品，从而获得愉悦的心情，变得更加快乐。

CONTENTS

目录

第一章 1 秋、冬编织物

编织包

第二章 2 春、夏编织物

本书所使用的编织工具如下图所示

// =棒针编织　/ =钩针编织

第一章

1

秋、冬编织物

使用羊毛和羊羔绒这类保暖性强
且毛绒较长的线制作而成的编织物。
从手拿包和围巾等小件物品到披肩和背心等，
这个季节里，您想拥有的所有款式，
本书中可以说是应有尽有了。

阿兰花样连指手套 11

制作方法▶49页

运用了缆绳纹和锁链纹编织。
阿兰花样的连指手套手掌侧是平针编织。
这是一款虽然看上去有些难度让人望而却步，
但又依然跃跃欲试的作品。

HOTEL
ORIENTE

树叶图案围巾

制作方法 ▶ 53页

凹凸有致的图案，独特的编织手法，宛如连续的树叶图案一样。
巧妙地运用波浪形收边来凸显女性气质。
使用丝质线编织的话，触感会更加舒适、亲肤。

波浪纹护腕手套 /

制作方法 ▶ 52页

北欧风的配色，使用了波浪形的花样编织。
无手指部分的设计让钩织更简单，质地看上去也更为厚实。
刚好突出了简洁的搭配特点。

双色袜子

制作方法▶ 55页

使用了两种颜色的线制作的这款袜子，让双脚成为焦点。
这款设计是细细的连续花样，穿上就能使人开心。
脚后跟的部分用了不同颜色的线，从后面挑针编织而成。

平针编织的斗篷

制作方法 ▶ 58页

用两种颜色相近的线一起编织，隐约有一些细微的色彩差别。
斗篷上的扣子，建议用贝壳材质和木制之类的不同的素材会更新颖时尚。
这是一款只需要用平针编织就能完成的编织物，推荐给初学者。

提花图案帽子

制作方法 ▶ 60页

这款帽子有着简单细小的重复图案，容易记忆也容易编织。
帽缘可以根据个人喜好调整大小，稍微卷厚一些会更加可爱。
这个设计是基本款，也同样推荐给平时不怎么戴帽子的人。

主题花样盖膝毯 /

制作方法▶ 66页

挑选喜欢的颜色进行主题花样钩织，最后平衡色彩间的感觉组合连接在一起。
只要掌握了基本的主题图案，就可以慢慢钩织下去。
这是一款一边玩转色彩的乐趣一边钩织出斑斓的盖膝毯。

渐变色三角披肩

制作方法 ▶ 62页

这是一款在寒冷的季节里不可或缺的披肩，能完全包住整个肩膀。
花样看上去是从中间部分向左右两边散开的，用别线起针法开始编织，
整体一次编织完成。使用段染线让披肩成为漂亮的渐变色。

镂空背心 /

制作方法 ▶ 64页

这款背心穿着轻便，
上身有一种若隐若现的效果。
编织线采用羊驼绒毛，很暖和。
扣子最好采用不会拖坠背心的轻巧的贝壳类材质。

基础花样围巾

制作方法 ▶ 57页

一款有着丰富肌理的围巾，能看出是稍微下了些功夫的基础编织。
只是下针和上针一点点慢慢交替着编织，就形成了流动似的感觉。
成熟稳重的紫色不管是休闲场合还是正式场合穿搭都很合适。

提花图案护腕手套

制作方法 ▶ 68页

这款护腕手套乍一看挺难，
但决定好主色线和配色线的编织规律以后，
按规律进行编织就可以了。
注意不要选择太过柔软的线进行编织，
否则不容易上手，成品也不够美观。

PUNCH

方格花样盖膝毯 11

制作方法 ▶ 69页

平针和起伏针编织的方格花样。
尽管这种编织只有单纯的下针和上针，但成品却有着常看常新的美妙余韵。
将平针和起伏针编织的缘编织尽量收紧，这样完成度会显得更高。

主题花样披肩 /

制作方法▶ 71页

这件作品的设计是以雪花花样为主题的披肩。
其边缘部分活用了雪花花样的设计。
使用毛茸茸的羊驼绒毛混合线，不仅触感好，还能透露出成年人的美。

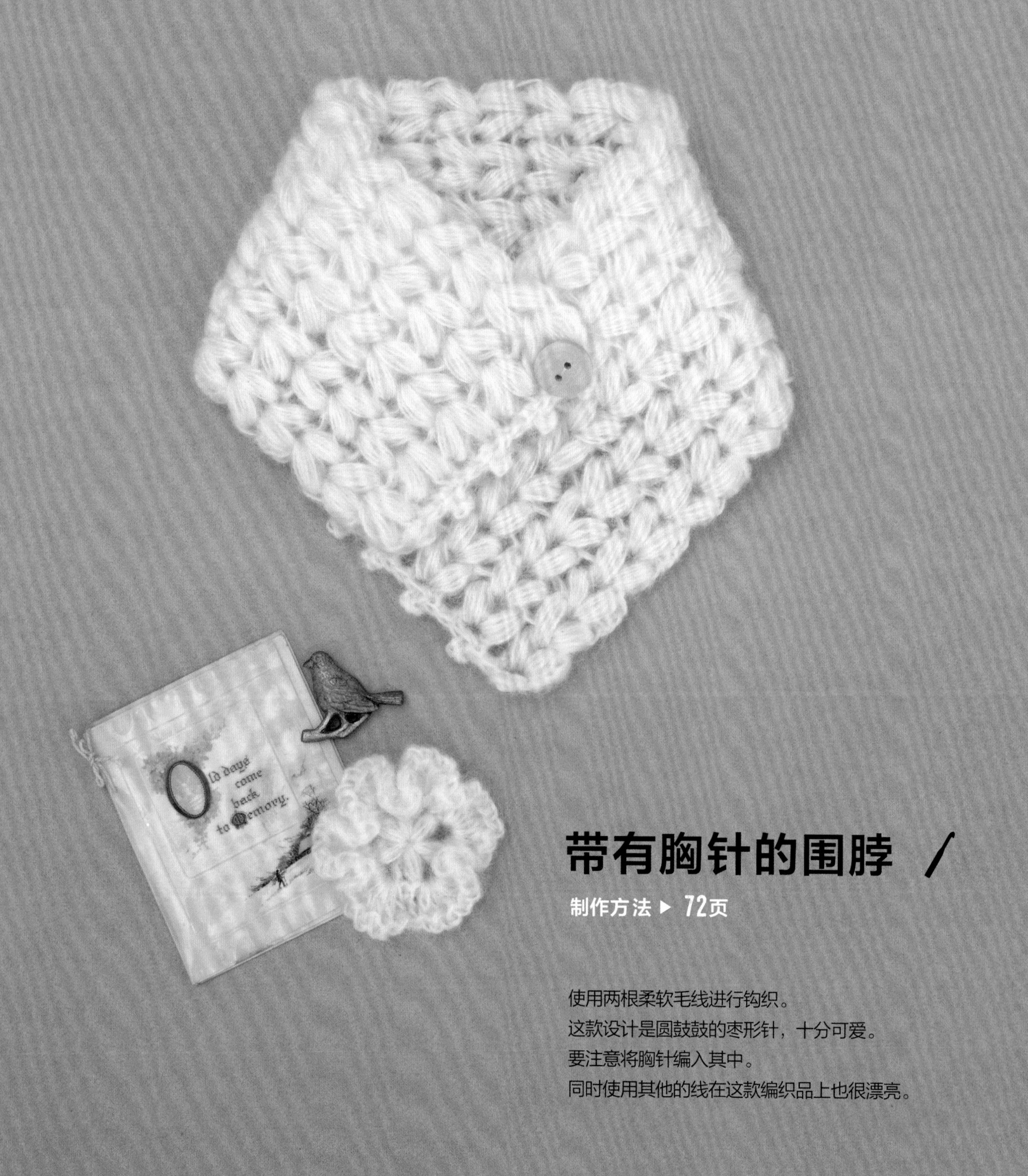

带有胸针的围脖 /

制作方法 ▶ 72页

使用两根柔软毛线进行钩织。
这款设计是圆鼓鼓的枣形针，十分可爱。
要注意将胸针编入其中。
同时使用其他的线在这款编织品上也很漂亮。

编织包

在穿着搭配时，
总会想要一个编织包袋来点缀。
在没有减针的情况下，
编织方法既简单，
成品也显得出众又有品位且吸人眼球。

格子图案小挎包

制作方法 ▶ 73页

适合装入一些小物件，
大小刚刚好的小型挎包。
从底部开始向袋口钩织，
再将两边钩织整合。
使用多种颜色的线进行钩织时，
只要记住线的交替规律，
钩织起来也并不难。

菠萝图案手提包

制作方法 ▶ 75页

使用清爽的水蓝色线钩织
而成的高雅的包袋。
设计成将手提部分加长的款式，
就可以挎在肩膀上。
纤细的菠萝图案，
为钩织增添了几分乐趣。

短针钩织的夏日包 /

红色线和原色线混合缠绕成线编织的包袋。
因为使用的是成熟沉稳的红色，让整个编织物更上了一个档次。
包面上点缀的用同样红色的线和原色线钩织出的装饰物也很可爱。

制作方法 ▶ 76页

第二章

2

春、夏编织物

这里介绍的是棉材质和亚麻材质这类
可以直接接触皮肤的编织物，
以及许多能勾起您编织欲望的披肩和斗篷、上衣和外套等。

贝壳图案束身上衣

制作方法 ▶ 78页

由于前后编织花样一样，加之没有加减针，能干脆利落地钩织成上衣。
织物本身有垂坠感，贴身穿着能很好地修饰体型，突出身体线条，
并且使用了适合任意年龄段的百搭深牛仔色。

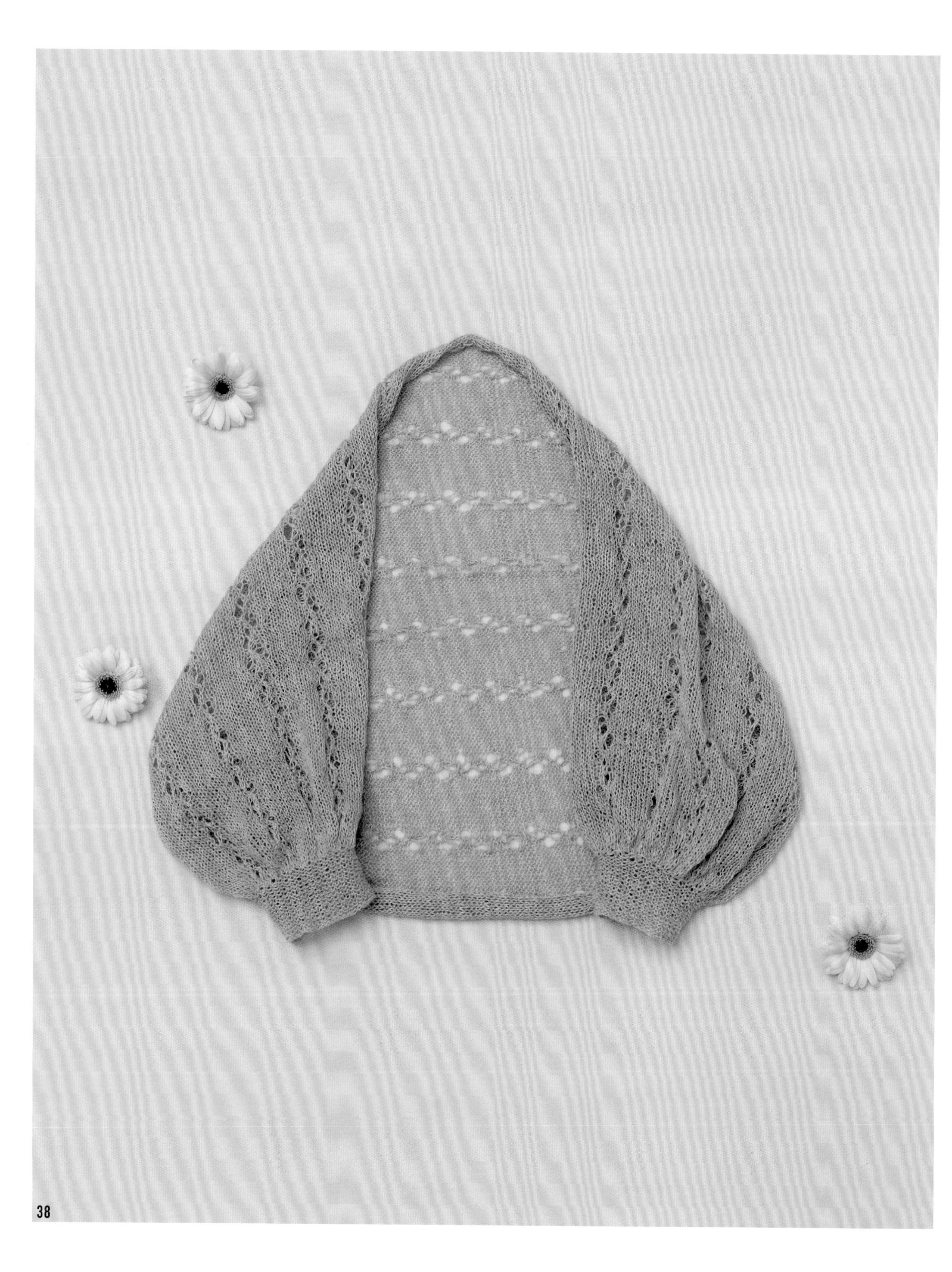

灯笼袖雏菊花样针织衫

制作方法 ▶ 80页

这是一款有着亚麻材质的清凉感、看上去清爽透气的雏菊花样针织衫。
长方形织片在袖口下方收针就完成了。
由于编织材质容易蜷缩变形不平整，需要用熨烫机好好熨平。

双色罩衫

制作方法 ▶ 81页

清爽的双色线编织而成的编织密度较低的套衫。
从里看也很漂亮，
所以也可以翻过来穿。

短针钩织的帽子

制作方法▶ 84页

简单形状的帽子，有一个的话非常方便。
这款不需要复杂有难度的技术，关键点在于注意加针的位置。
宽宽的帽檐稍微向下拉，遮住眼睛戴着也很潮。

菠萝花长披肩 /

制作方法 ▶ 86页

长披肩的一边钩织成菠萝图案，
是一款像羽毛边一样轻盈的长披肩。
沉稳的黄色突出了春季着装搭配的重点。

菠萝花高雅长披肩 /

制作方法 ▶ 87页

这款长披肩用丝质线编织，手感非常好。
菠萝图案的钩织方法让边缘部分自然而然地形成了波浪状。
随意围在身上都会让人显得气质典雅。

方块花样披肩 /

制作方法▶ 88页

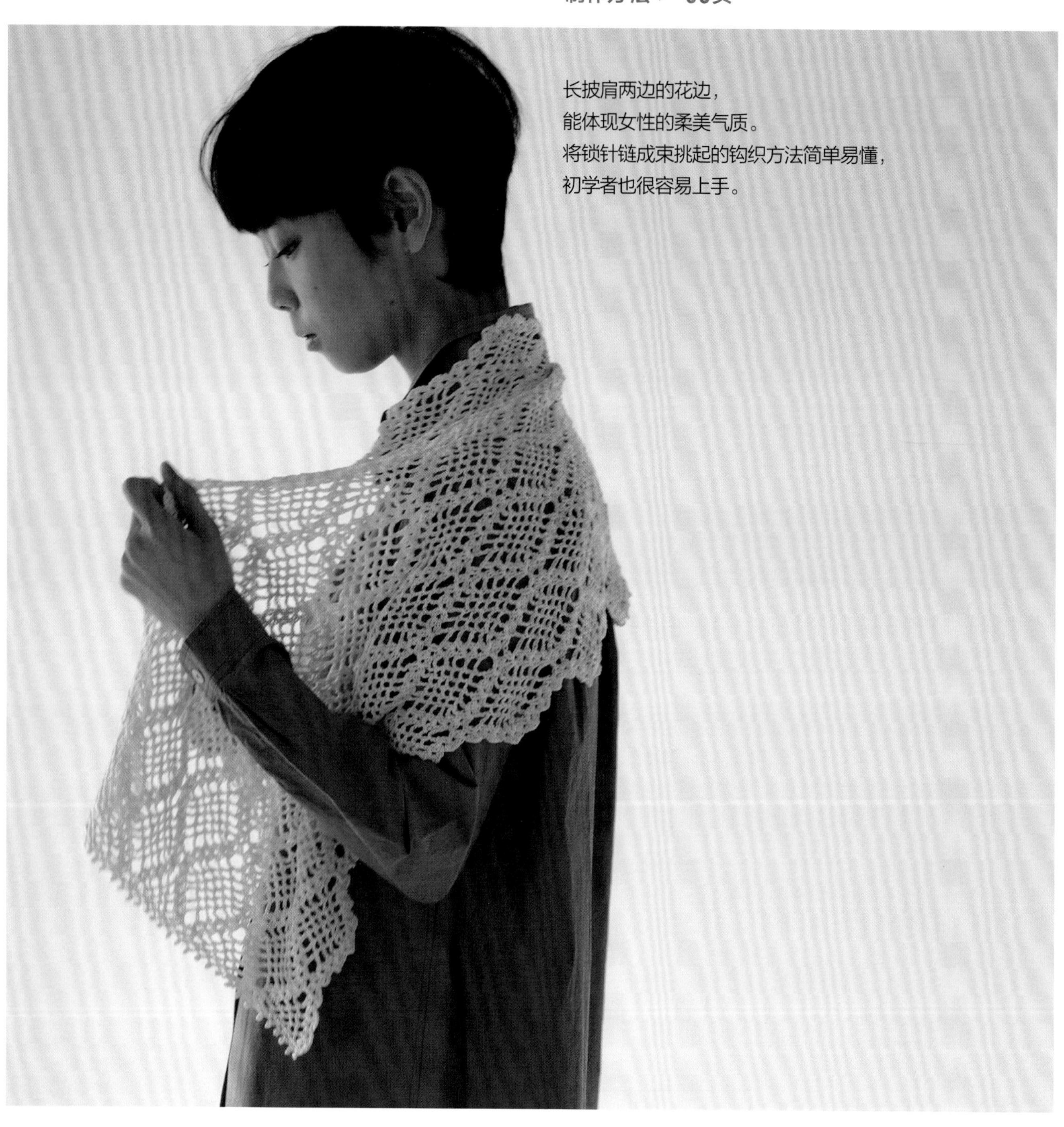

长披肩两边的花边，
能体现女性的柔美气质。
将锁针链成束挑起的钩织方法简单易懂，
初学者也很容易上手。

斜纹花样围巾

制作方法 ▶ 89页

斜纹花样是从减针的部分开始几针镂空针编织，下针呈倾斜纹路。
围巾两端的线条宛如泛起的浪花，设计可谓是生动有趣。

制作方法

作品的难易度

● =初级

●● =中级

●●● =高级

※制作方法的指示图中显示的数字的单位，只要没有特别要求的，统一为厘米。

P.5 阿兰花样连指手套

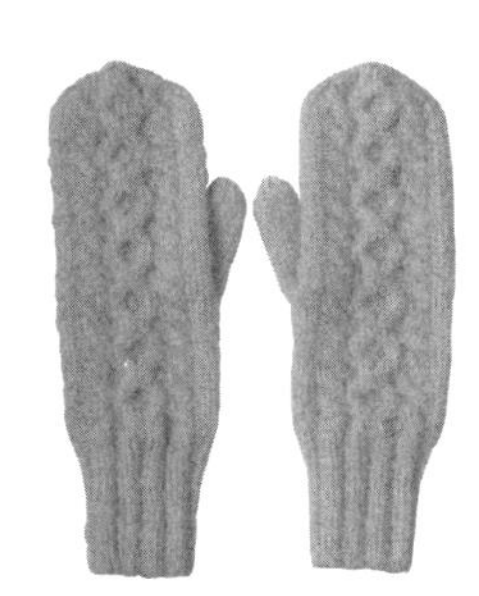

线的实物大小

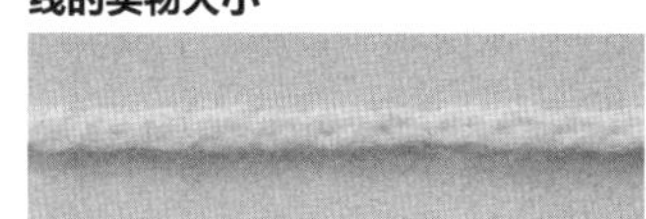

难易度 ●●●

- **材料** 中粗混纺线
  白色…50g
- **工具** 7号短棒针4根、5号短棒针4根、麻花针，以及6号带头的棒针1根（起针用）、粗棉线（大拇指孔的部分用的线）、缝合针、记号扣
- **成品尺寸** 绕手腕一圈17cm
  长26cm
- **针数（编织密度）** 平针编织…20针×31行/10cm²
  花样编织…33针×31行/10cm²

大拇指的挑针位置

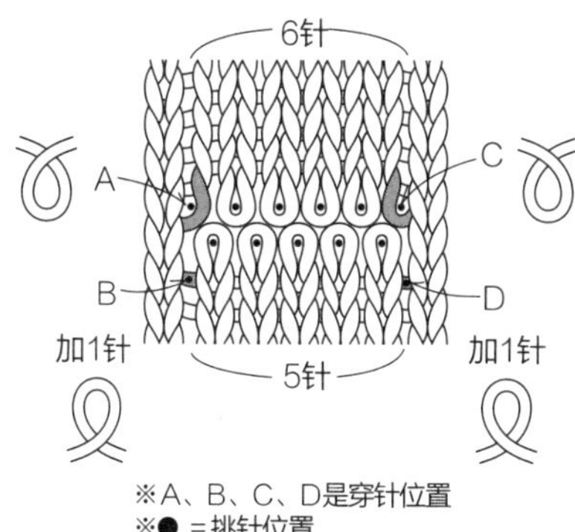

编织方法

右手

1 一般起针法起针36针（6号棒针1根），在3根5号棒针上分别起针12针。圈织，到第24行为止编织双罗纹。

2 换成7号针，在第25行的指定位置卷加针编织。参照编织符号图示，进行平针编织和花样编织。将记号扣别在行的边针上。在第21行将起针的线停针，插入别线编织5针。将其他的线返针5针，用停针的线继续编织。第53行开始挑起侧面的1针在两侧减针编织。在最后的10针里穿线2次（1针里穿线2次）系紧。

3 一边取下大拇指孔的其他的线，将针移动到2根7号棒针上，参照图示一边挑针一边将线在3根棒针上分成4针，5针，4针（两端的部分请参照图示，穿针挑针），圈织。在最后一行将2针并1针，最后的7针里穿线2次（1针里穿线2次）系紧。

左手

和右手同样的编织要领，将左右对称编织。大拇指孔的别线插入编织最后的部分。

拇指编织符号图

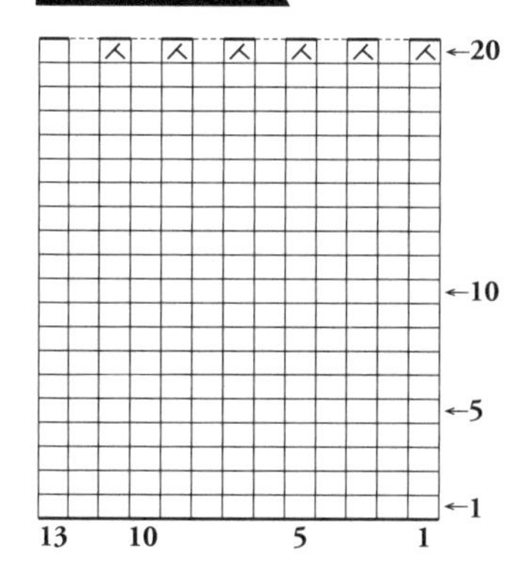

制作图示

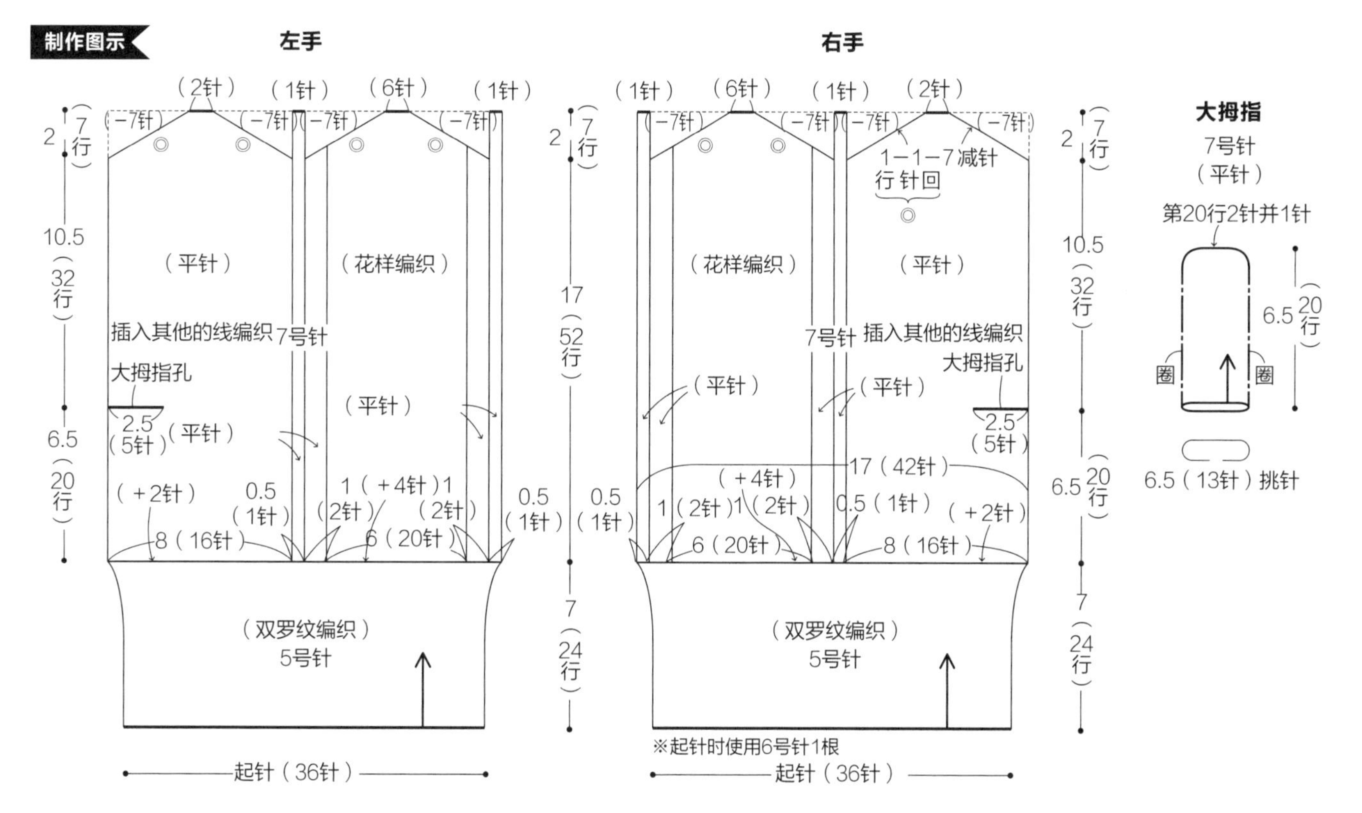

编织符号图

左手

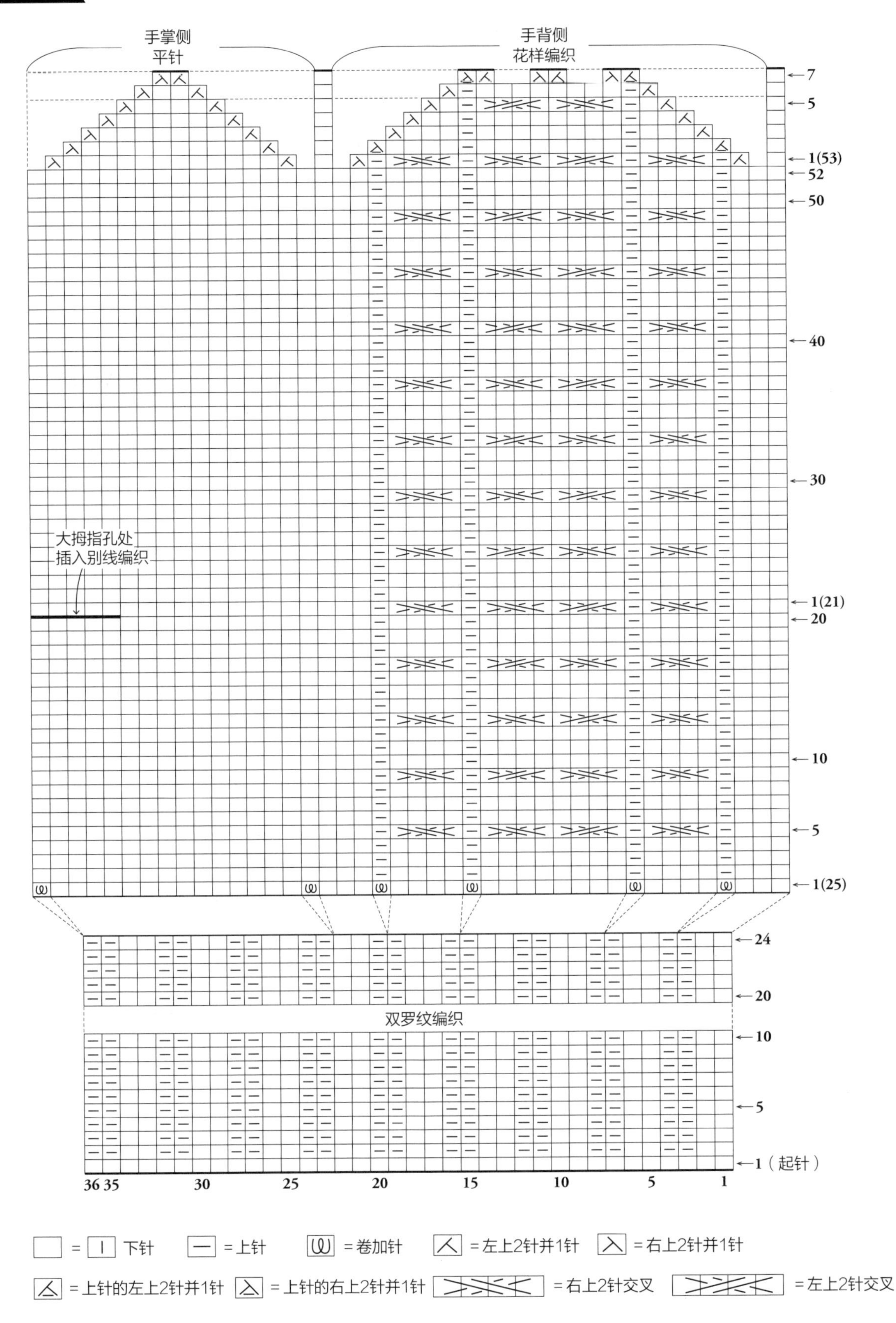

手掌侧
平针
手背侧
花样编织
大拇指孔处
插入别线编织
双罗纹编织
7
5
1(53)
52
50
40
30
1(21)
20
10
5
1(25)
24
20
10
5
1（起针）
36 35
30
25
20
15
10
5
1
= 下针
= 上针
= 卷加针
= 左上2针并1针
= 右上2针并1针
= 上针的左上2针并1针
= 上针的右上2针并1针
= 右上2针交叉
= 左上2针交叉

右手

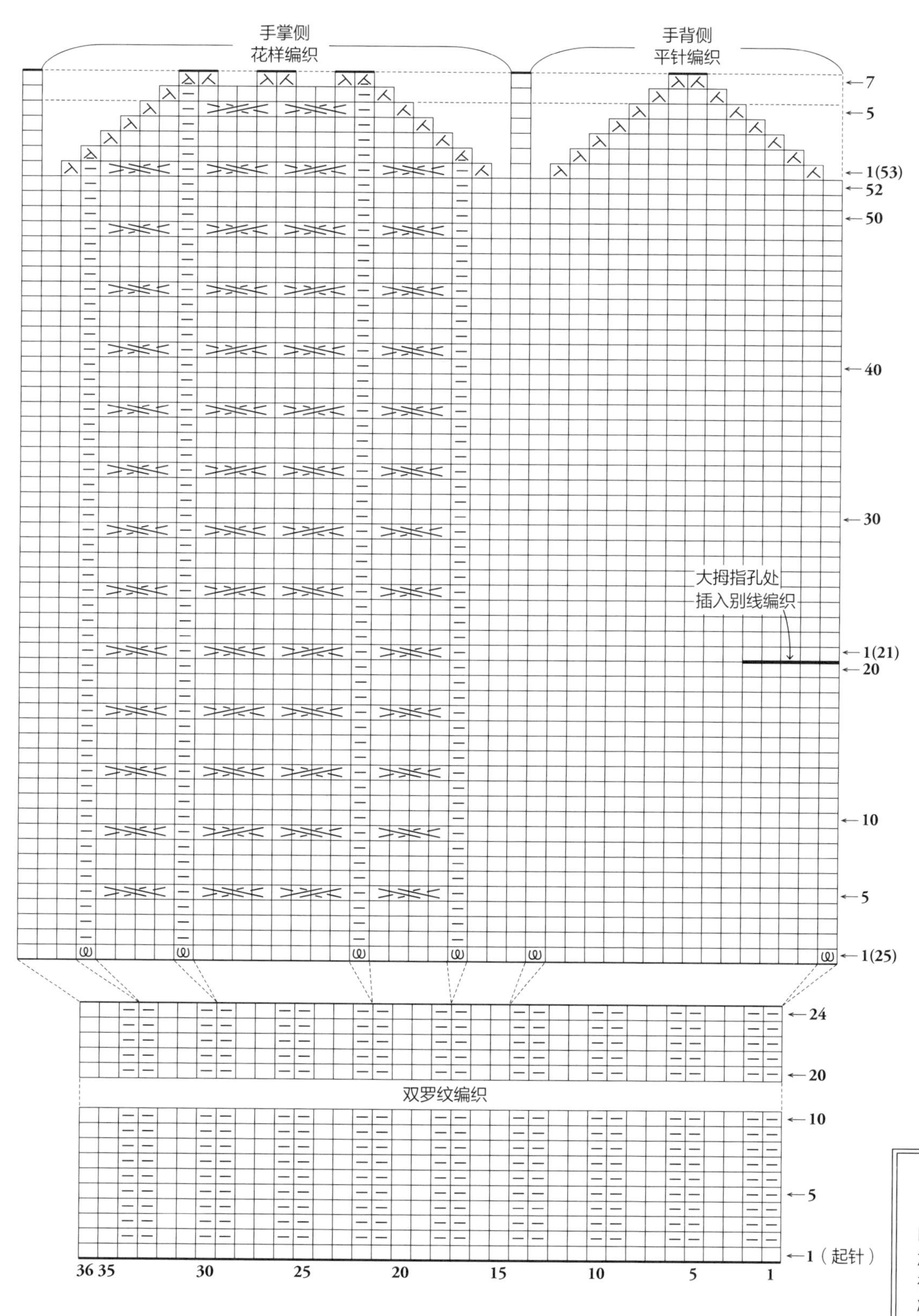

编织方法POINT

以罗纹编织开始，使用卷加针增加针数进行编织。在编织最后部分的花样处减针，留下一针穿线，绕两周系紧后完成，成品更漂亮。

P.8
波浪纹
护腕手套

难易度

- **材料** 中粗混纺线
  蓝灰色…30g
  柠檬黄…25g
- **工具** 6/0号钩针，
  以及缝合针等
- **成品尺寸** 绕手腕一周
  19.5cm 长18cm
- **针数（编织密度）** 花样编织
  …17.5针 × 7.5行/10cm²

手掌侧

手背侧

线的实物大小

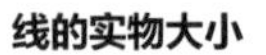

编织方法

右手

1 用蓝灰色的线，起34针锁针后，在开始部分的锁针里引拔连成环状。在第3针挑锁针的半针和里山用花样编织从手腕的位置开始钩织。将挑起的位置作为手掌侧。第1行的完成部分在挑起的锁针第3针里引拔钩织，拉宽针眼穿过线球，停针系紧。

2 花样编织的纹路是蓝灰色和柠檬黄色一行一行交替钩织的。第2行是连着柠檬黄色的线钩织的，在挑起的第2针锁针里将第1行的线拉进来。最后部分和第1行一样收针。第3行是从第2行的锁针里拉出第1行的线钩织，一直钩织到第8行为止。大拇指位置的行在钩织结束部分代替1花样钩3针锁针编织。

3 全部行数钩织完成了以后继续进行缘编织。将缘编织的短针在锁针链下入针将锁针成束挑起。钩织结束部分第1针的短针编织的头针里引拔，再一次将线挂上钩针引拔。两种颜色的线都在内侧处理完成。起针侧里接线，将锁针成束挑起进行缘编织，织成线环状。

4 在大拇指的指定位置（第10行的空间）连上线进行引拔钩织，将其作为基础编织3针锁针，在第8行的空间里引拔。在下一个立起的锁针3针编织，从相同标记的地方挑起进行花样钩织，接着缘编织。

左手

到第8行为止左手和右手一样钩织，在大拇指位置开始钩织的3针1花样。大拇指在第8行的空间里连上线引拔钩织，钩3针锁针，在第10行的空间里引拔钩织。之后左手和右手一样钩织。

编织符号图

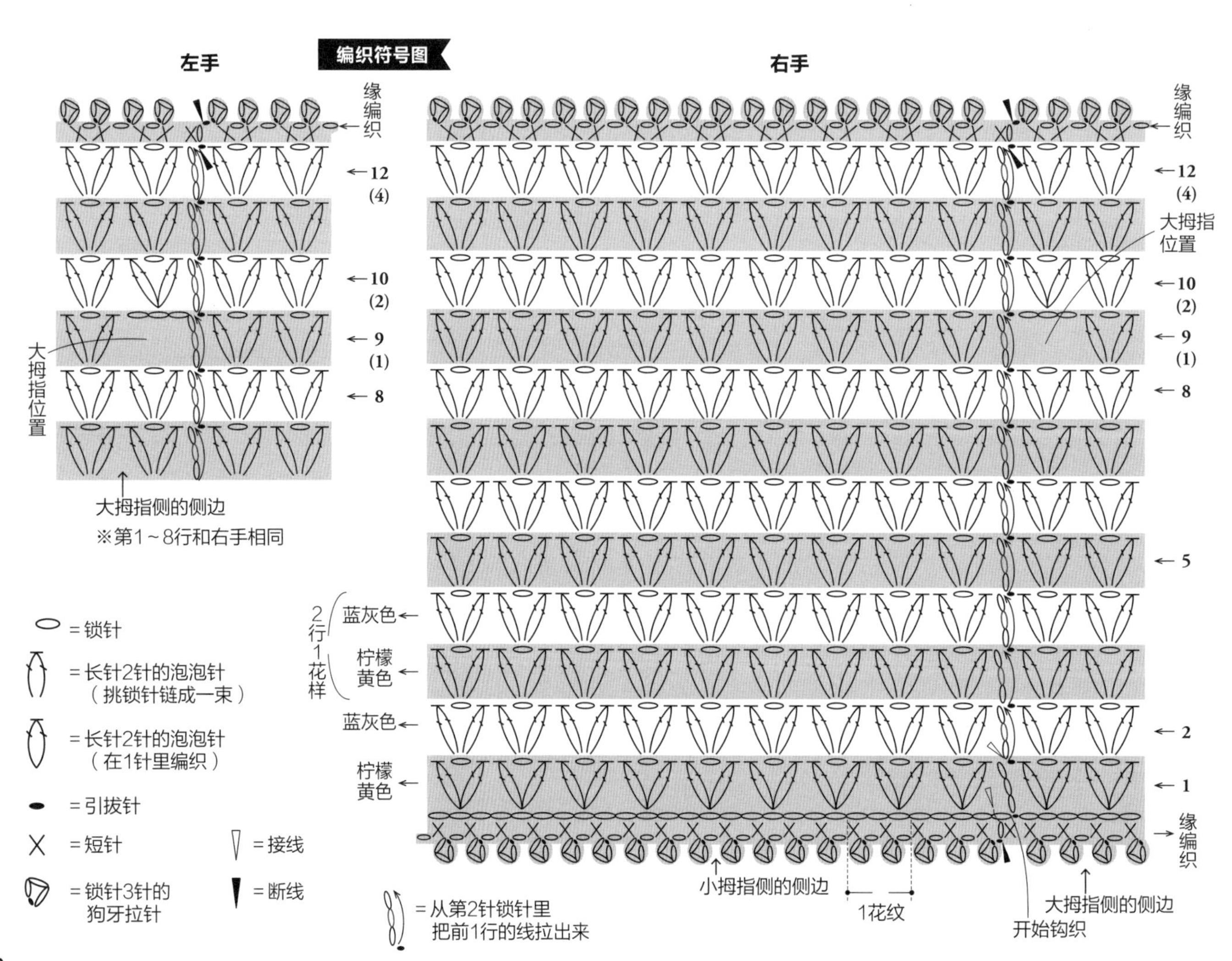

制作图示

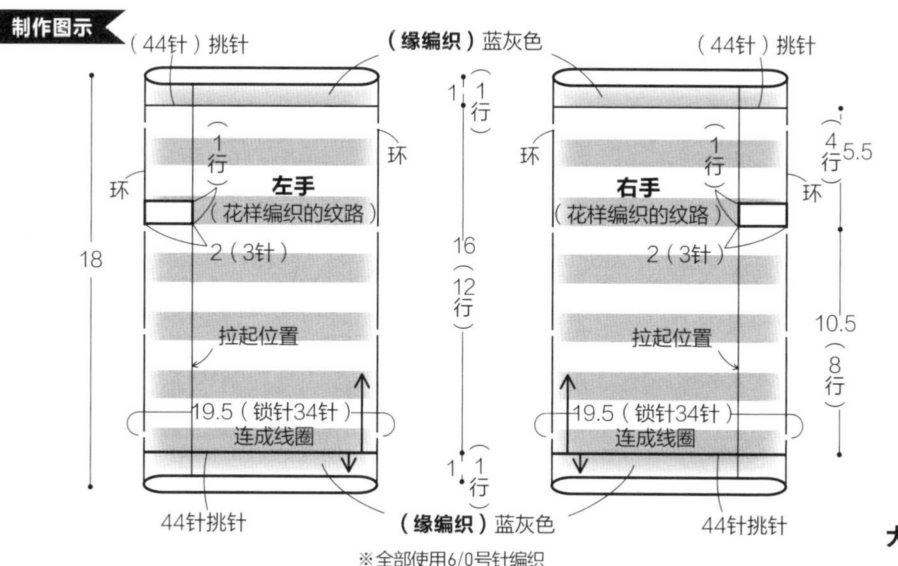

编织方法POINT

用长针2针的枣形针和锁针钩织V字形花样。每一行改变颜色，就会形成有趣的动感波浪式花边形状。换线收针拉起线的话，在锁针里拉出线钩织。

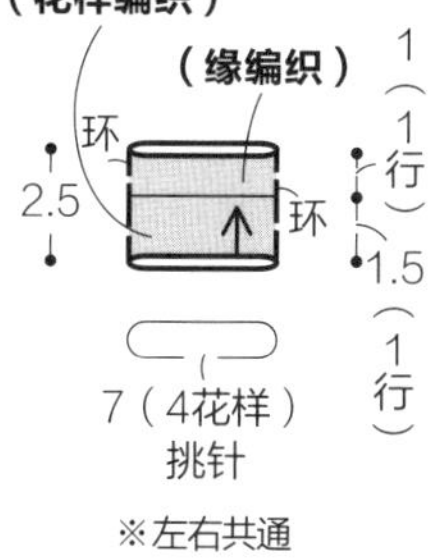

大拇指的编织方法

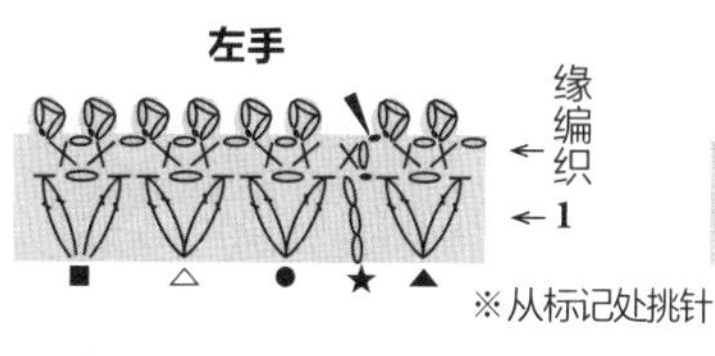

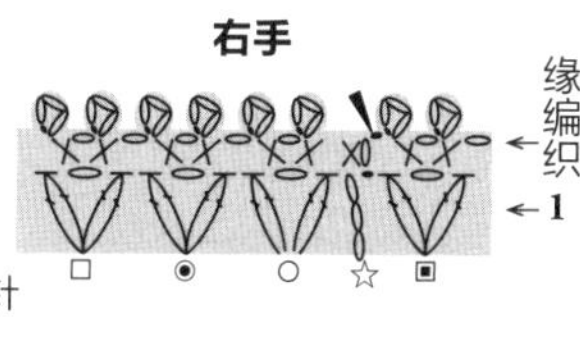

※从标记处挑针

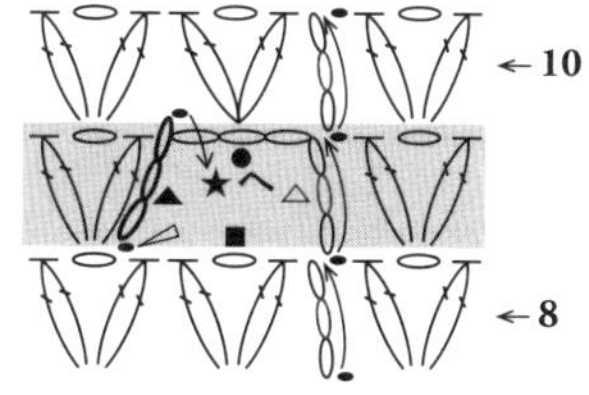

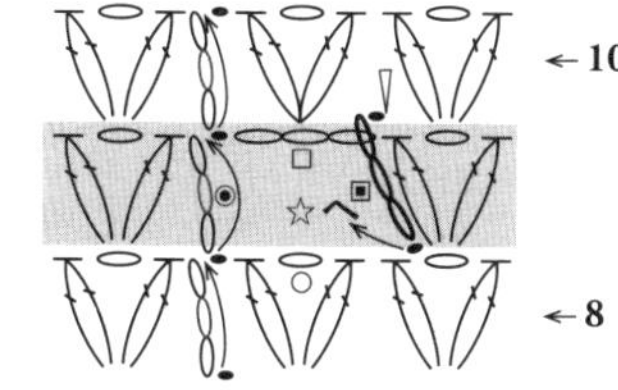

P.7 树叶图案围巾

难易度 🧶🧶

- **材料** 中粗混纺线
  粉色…190g
- **工具** 6号带头的棒针2根、5/0号钩针，
  以及7号带头的棒针1根（起针用）、记号扣、缝合针等
- **成品尺寸** 宽27cm 长126cm
- **针数（编织密度）** 花样编织…29针×29行/10cm²

线的实物大小

编织方法

1 一般起针法起针79针（7号棒针1根），换成6号棒针后用起伏针编织到第4行为止。

2 参照编织符号图示，进行花样编织。20行1花样，将记号扣别在1花样结束的位置上方便记忆。编织360行。

3 起伏针编织3行，编织结束时从内侧开始注意不要编织太紧，用5/0号钩针引拔收针。

编织方法POINT

运用3针并1针将减针的地方和空针的地方 交替编织的话，就形成树叶的花样。
花样编织的两侧里编织上针1针，只要是花样编织的最初行没有出错的话，后面的编织就会很顺畅。

制作图示

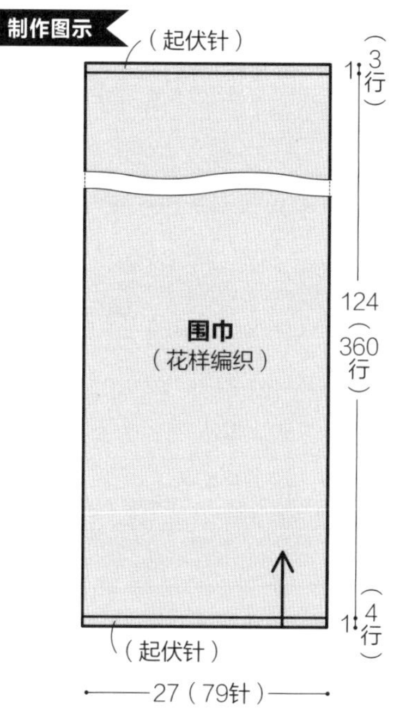

※使用6号针编织（起针用7号针1根）

编织符号图

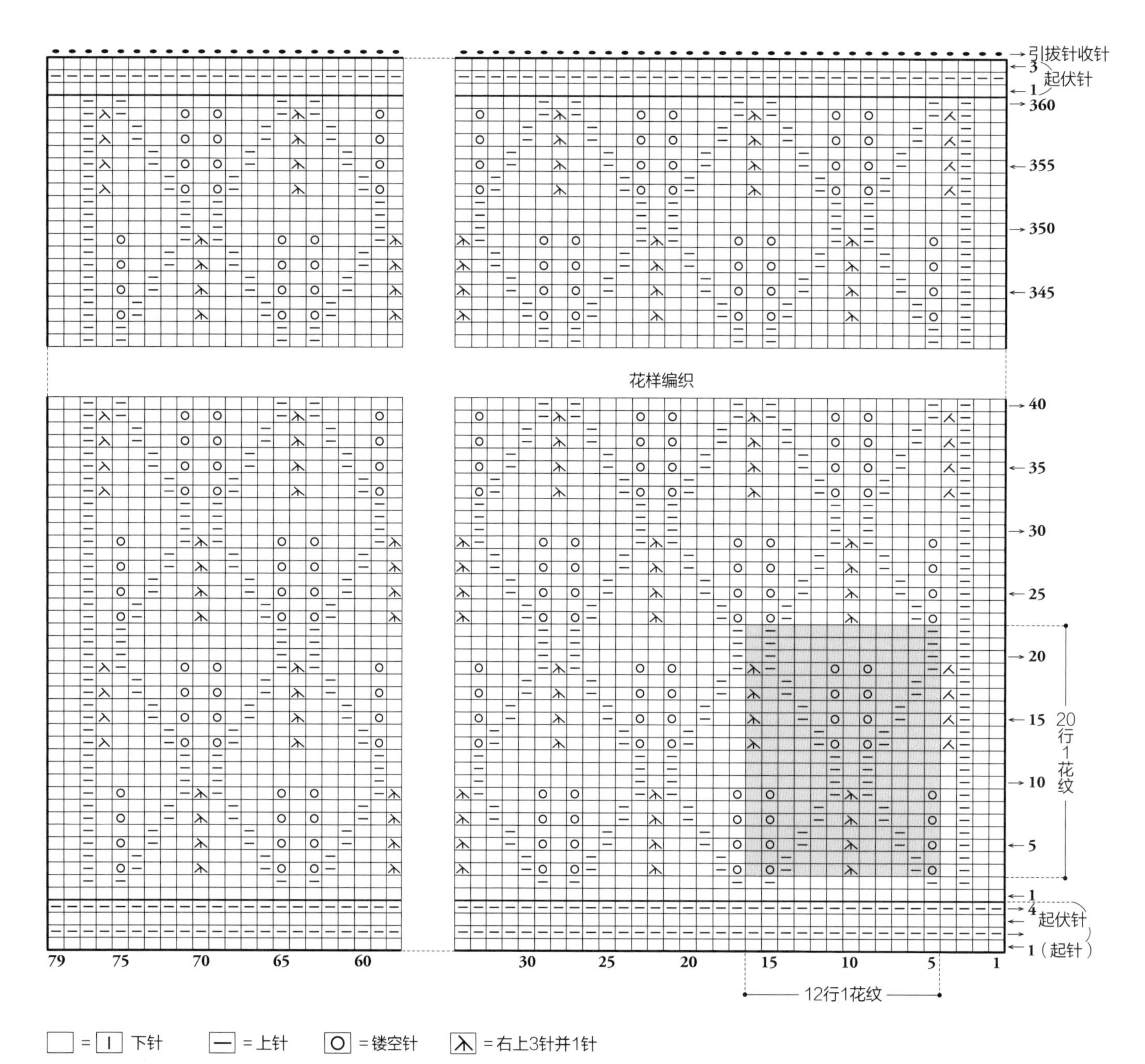

□ = 丨 下针　— = 上针　○ = 镂空针　⋏ = 右上3针并1针

人 = 左上2针并1针　入 = 右上2针并1针　● = 引拔针收针

P.10
双色袜子

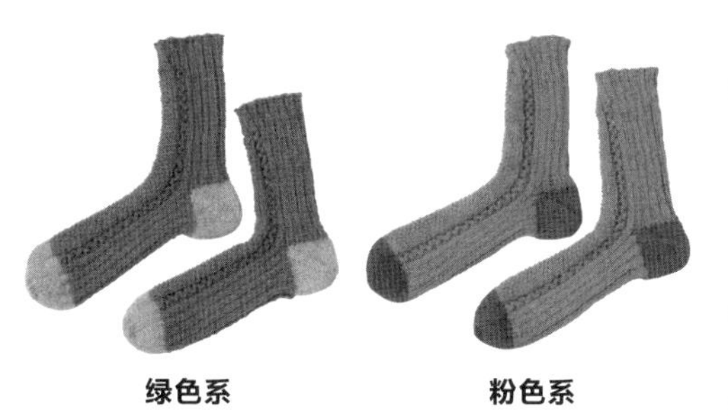

难易度

●**材料**　中细混纺线
绿色系　绿色…50g、浅蓝色…10g
粉色系　深粉色…50g、红色…10g
●**工具**　1号短棒针4根，
以及2/0号钩针（起针用）、
粗棉线
（起针用听和脚后跟位置的别线）、
缝合针、记号扣等
●**成品尺寸**　绕脚踝一周周长18cm
穿的长17.5cm　底部长21cm
●**针数（编织密度）**　花样编织、
双罗纹编织都是…34针×44.5行/10cm²

线的实物大小

编织方法POINT

虽然要编织紧凑一点，但穿上脚的时候袜子需要具备伸展性，所以要注意底部长度要比自己的脚的尺寸短2cm左右。编织完成部分的收针，注意要迎合脚脖子的舒适度，稍微做些调整。

编织方法

右脚

1　用2/0号钩针，用别线起针法起61针锁针（之后解开的起针）。在3根1号棒针上，分别编织20针，21针，20针。圈织，脚背面是花样编织，底部则是2针罗纹编织直到第58行为止。罗纹编织时，脚背和脚底的行的边针里用记号扣做记号。

2　第59行的脚背侧编织完成后，在脚后跟位置收针，钩入别线30针。换新线挑30针，用新线进行引返编织，织完脚后跟之后换回原来的线继续。接着一直编织到第50行为止，袜口处双罗纹编织在脚背侧的中央部分减1针。编织完成的部分正针用正针、反针用反针收针编织。最后做连接处理。

3　脚趾稍微松开别线的起针挑针，在第1行花样编织的中央部分右上2针并1针减针编织用B色圈织。在两侧边立起2针减针编织。编织完成的部分平针接缝。

4　一边抽出脚后跟位置的别线移至2根棒针上，请参照第49页的“大拇指的挑针位置”一边挑针编织一边在3根棒针上分别挑3针（两端的部分B、D不要挑针，A、C拧起挑针），用B色圈织。编织方法和脚趾的编织方法一样。

左脚

左脚和右脚一样的要领，对称编织。脚后跟的别线在第59行的开始部分插入。

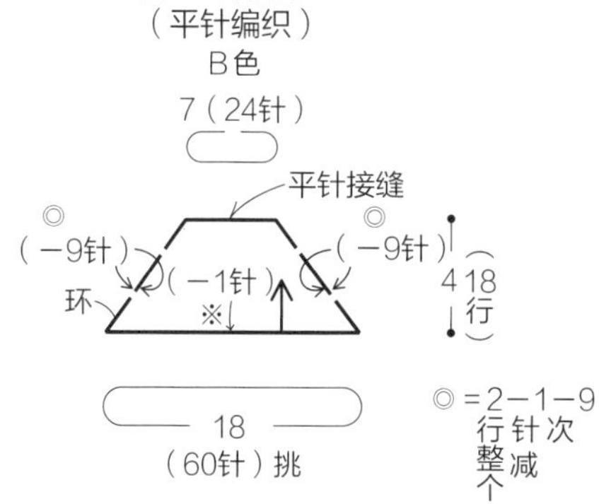

※脚趾是在花样编织的中央部分减1针编织，
脚后跟是在脚踝的中央部分减1针编织

制作图示

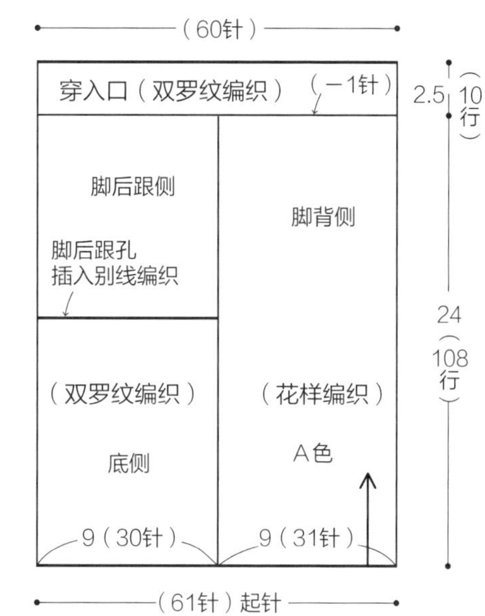

※全部使用1号针编织（起针是2/0号针）

绿色系	粉色系
A色＝绿色	A色＝深粉色
B色＝浅蓝色	B色＝红色

※编织脚趾、脚后跟用B色，
其他部分用A色

成品图

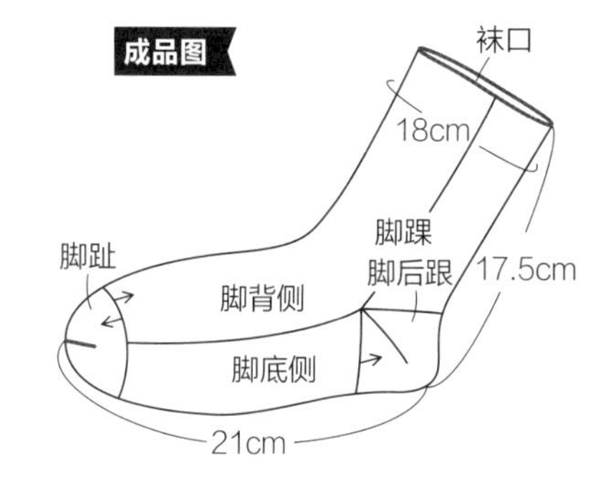

编织符号图

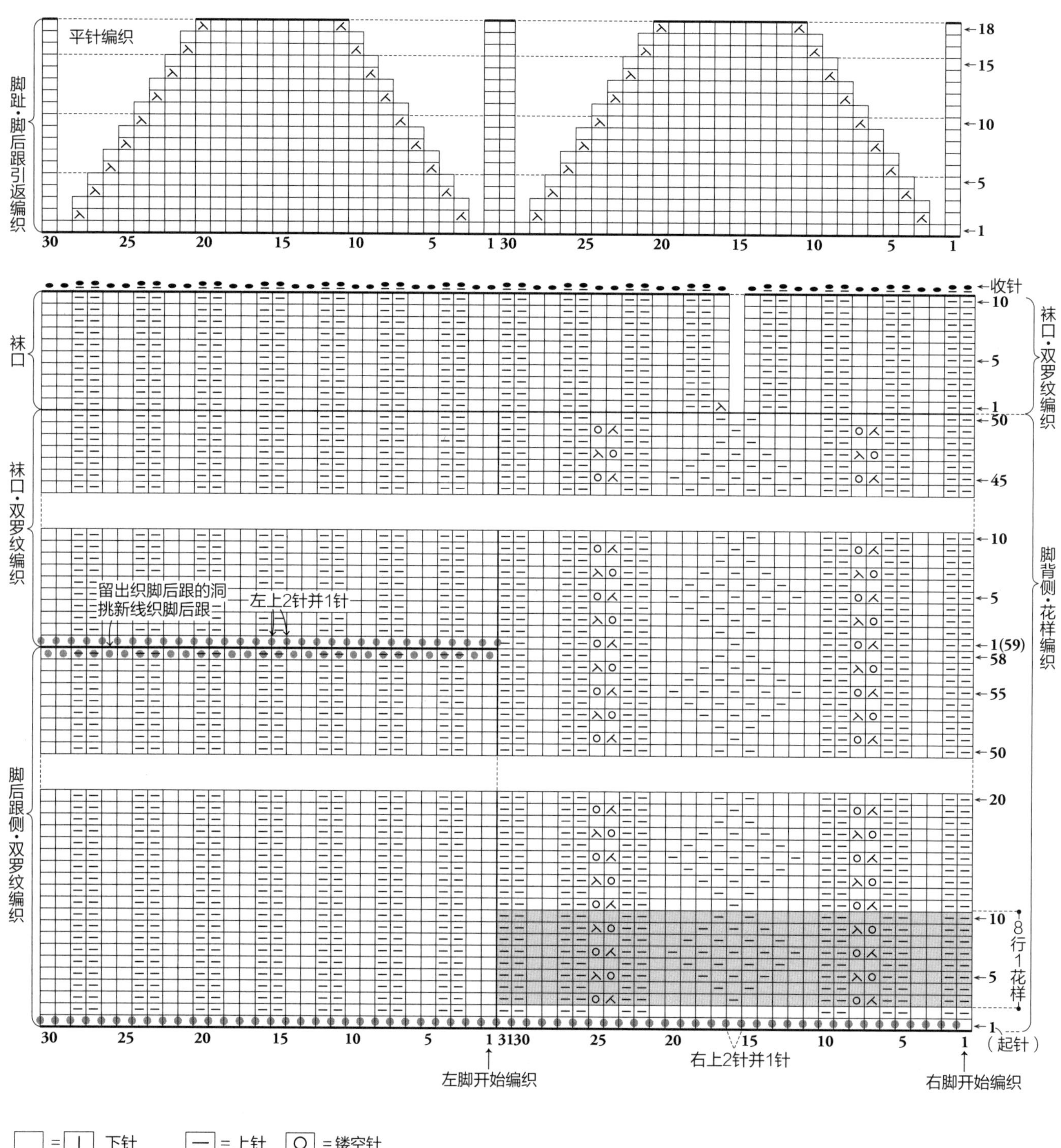

□ = | 下针　— = 上针　○ = 镂空针

⋏ = 左上2针并1针　⋋ = 右上2针并1针

● = 收针（下针）　● = 收针（上针）

● = 脚趾·脚后跟和挑针的位置

引返编织

正面减针，反面并针，可织出漂亮的斜线。

P.22
基础花样围巾

难易度

●**材料** 中细开司米（一种细毛料） 紫色…85g
●**工具** 4号带头的棒针2根、3/0号钩针，以及5号带头的棒针1根（起针用）、缝合针等
●**成品尺寸** 宽23cm 长110.5cm
●**针数（编织密度）** 花样编织…26针×37行/10cm²

线的实物大小

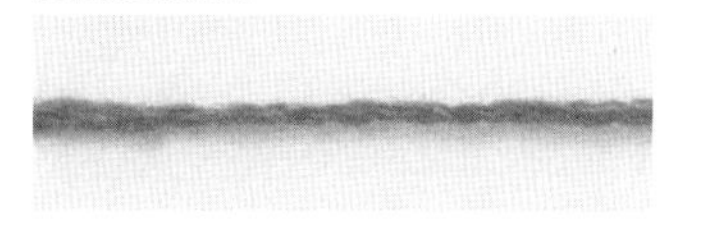

制作图示

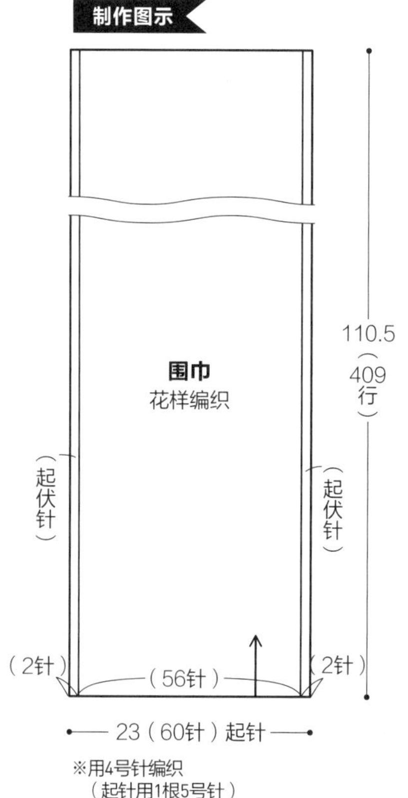

编织方法

1 用一般起针法起针60针（5号棒针1根），换成4号棒针织起伏针到第2行为止。两端编织2针起伏针，然后花样编织。花样编织7针-14行1花样，针在8花样，行在29花样重复编织，一共编织408行。最后那行编织1行下针。

2 完成部分注意从内侧开始不要编织太紧，3/0号钩针引拔针收针。

编织方法POINT

用一般起针法起针，第2行用起伏针返回。从第3行开始按照编织符号图示进行花样编织。里侧的行，除了两端的2针以外和前一行编织同样的针。注意编织完成的引拔针收针不要太紧。

编织符号图

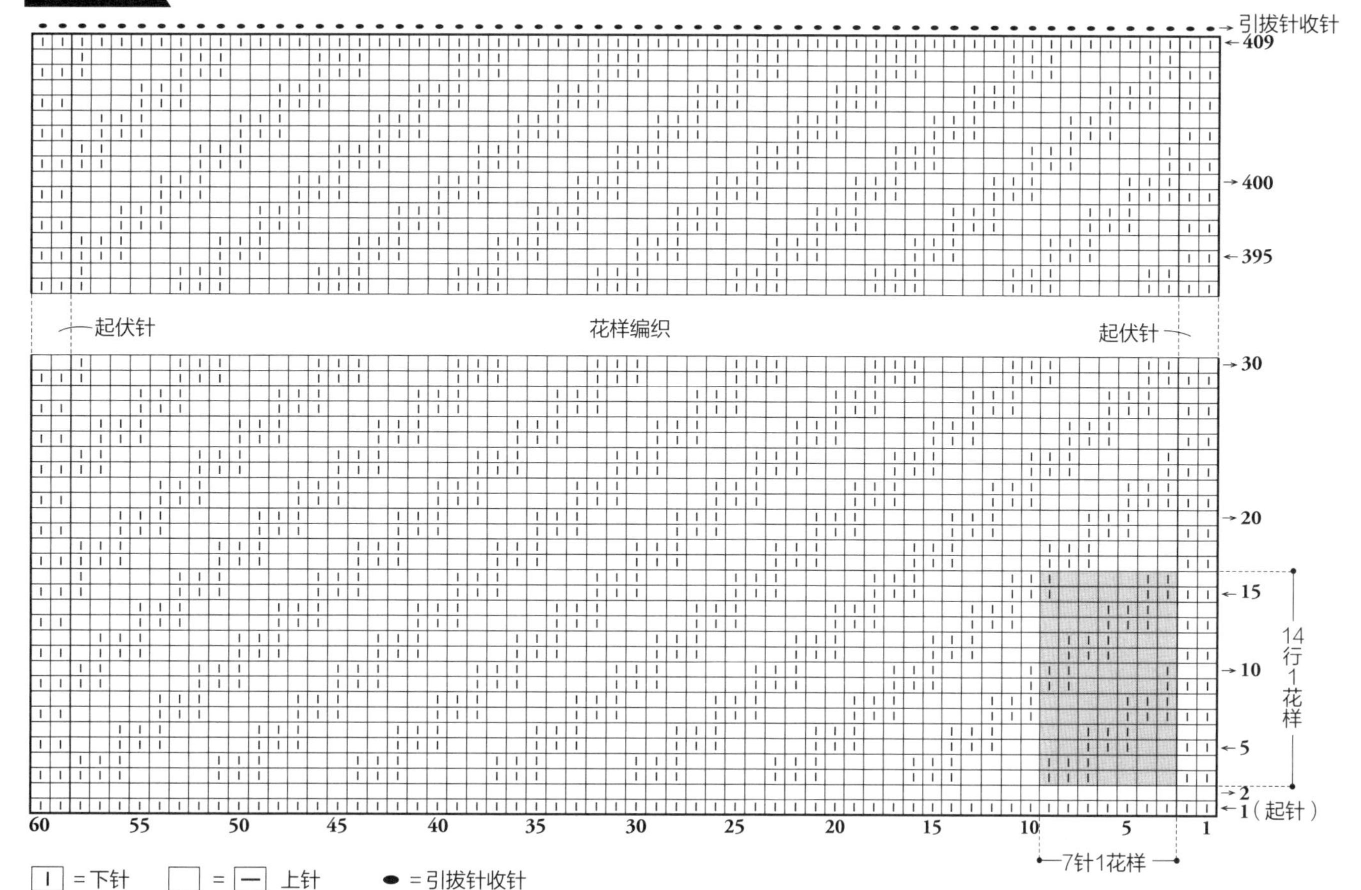

| = 下针　□ = ─ 上针　● = 引拔针收针

P.12
平针编织的斗篷

难易度

- **材料** 中粗的混纺线
  淡灰色、米色…各65g、
  直径1.8cm的贝壳制纽扣…1粒、
  直径2.3cm的木制纽扣…1粒
- **工具** 10号带头的棒针2根、
  6/0号钩针，以及11号带头的棒针1根（起针用）、
  连接纽扣所用的线、记号扣、
  缝合针等
- **成品尺寸** 长26cm
- **针数（编织密度）** 起伏针
  …12.5针×25行/10cm²

线的实物大小

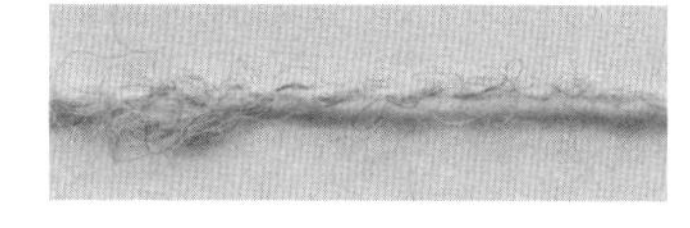

编织方法POINT

因为合在一起的2根线表面的毛较长，注意别脱落任何1根。由于两端要一直编织下去，别让双眼太累噢。起伏针编织的减针，从表面看是左上右上交替在一起的。

制作图示

※整体都是用1根淡灰色和1根米色的2根线合在一起编织

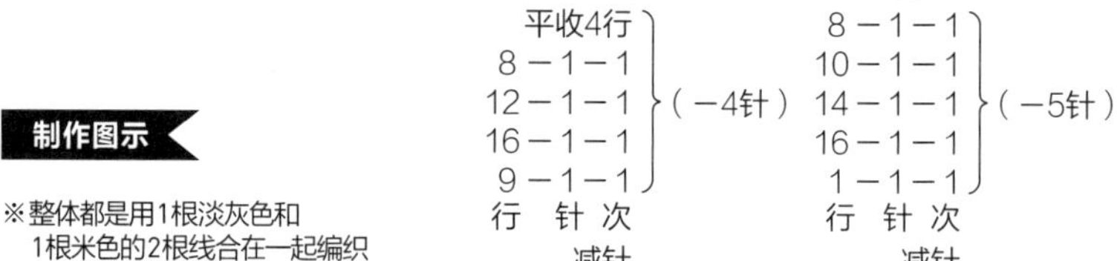

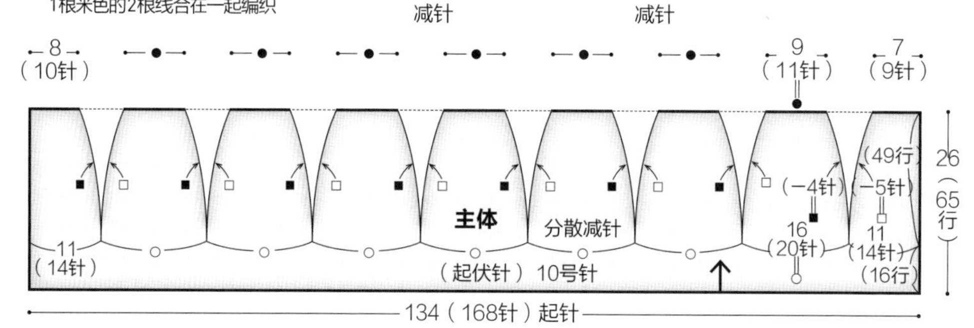

编织符号图

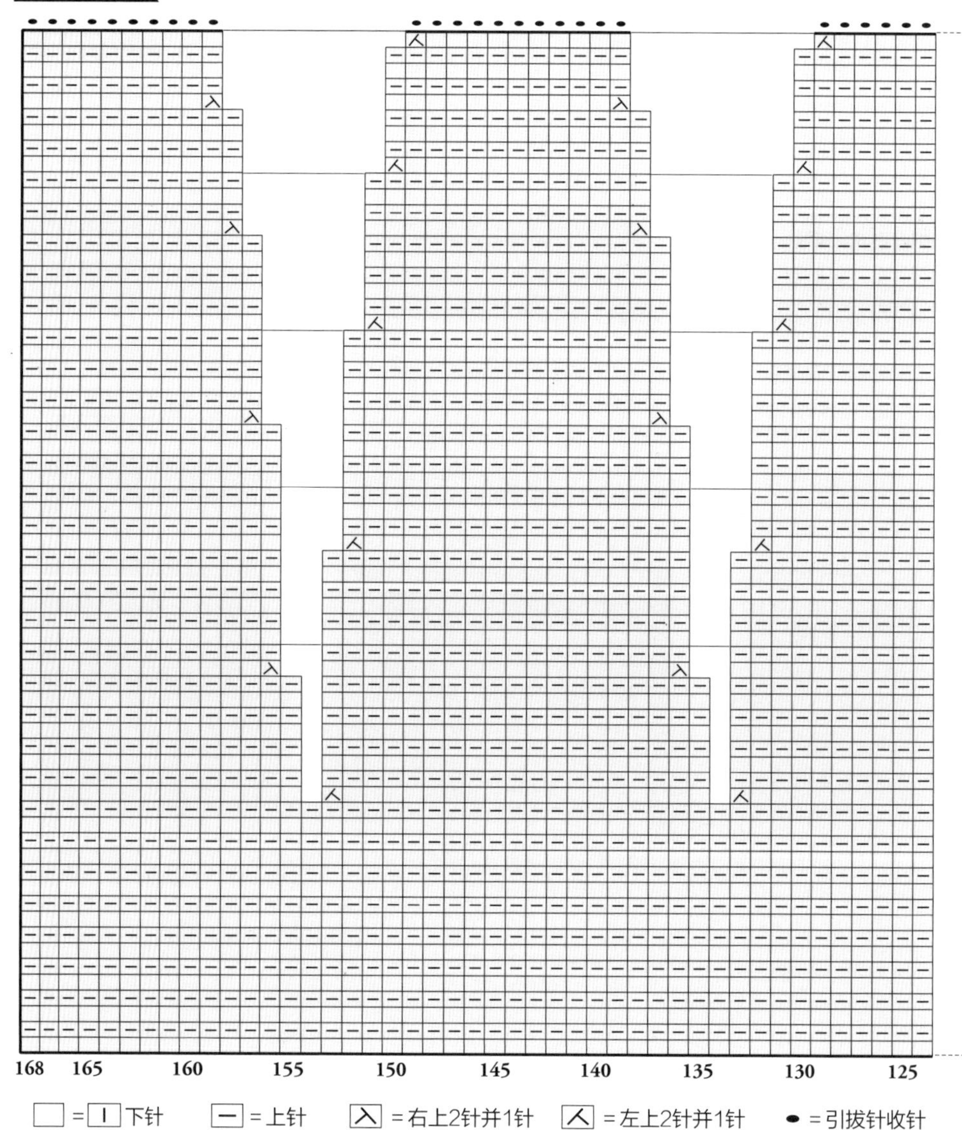

□＝|下针　—＝上针　入＝右上2针并1针　人＝左上2针并1针　●＝引拔针收针

编织方法

整体都是用1根淡灰色和1根米色的2根缝合在一起编织。

1 一般起针法起针168针（11号棒针1根），换成10号棒针织起伏针。编织到第16行为止，从第17行开始分散减针编织。全体72针（-9针×8处）减针编织。编织完成部分用6/0号钩针从内侧开始引拔针收针注意不要太紧。

2 继续引拔针收针，再编织右前方的扣袢。

3 穿上身试一试，然后决定前面中心的重合部分，连上扣子。扣袢侧连上木制，扣眼侧连上贝壳制扣子。稍微松开扣眼侧进行起伏针编织，针的空隙作为扣眼。

收尾加工润色方法

※试着调整扣里和扣袢的位置，防止有偏差影响美观。

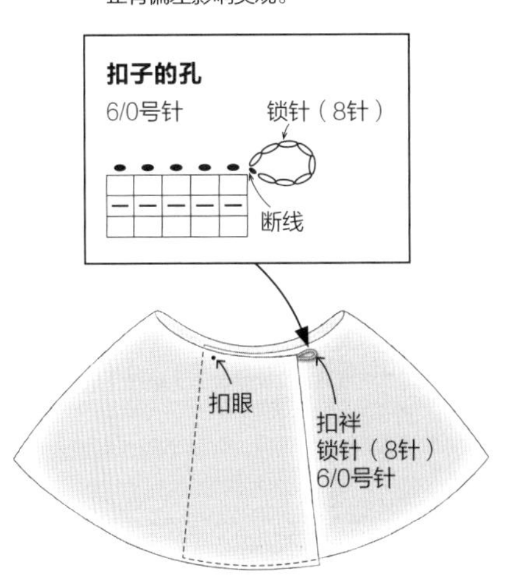

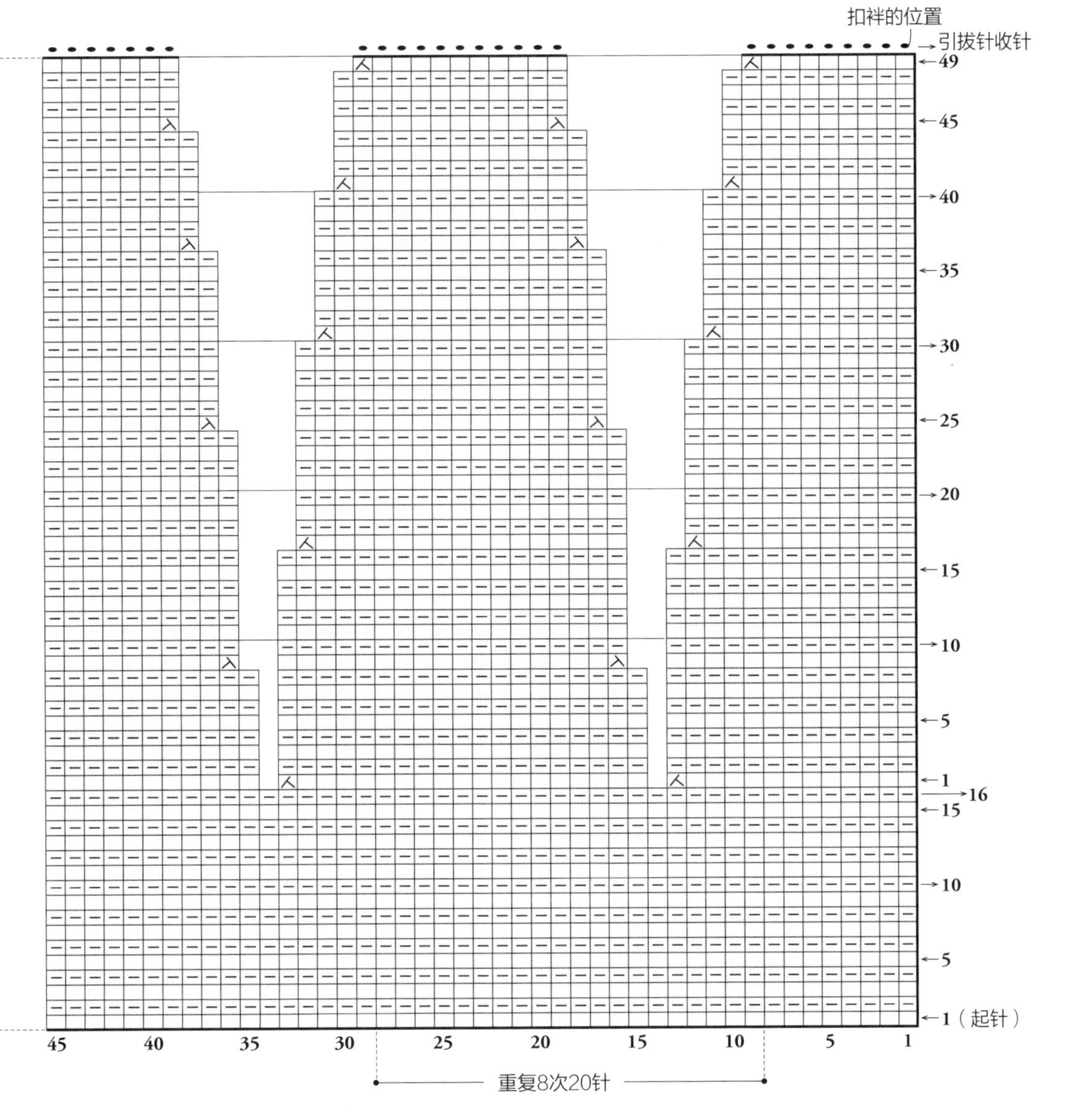

P.15
提花图案帽子

难易度

- **材料**　中粗羊毛苏格兰呢系
  灰色…65g、浅蓝色…15g
- **工具**　9号棒针4根、7号棒针4根，
  以及8号带头的棒针1根（起针用）、
  缝合针、记号扣等
- **成品尺寸**　绕头一圈周长53cm　深27.5cm
- **针数（编织密度）**　提花…19针×20行/10cm²
  平针编织…19针×24行/10cm²

线的实物大小

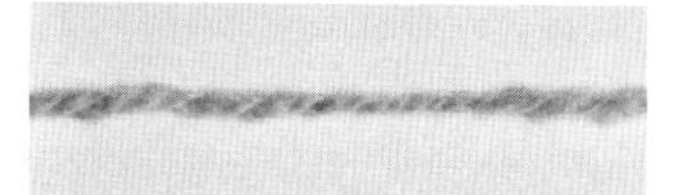

编织符号图

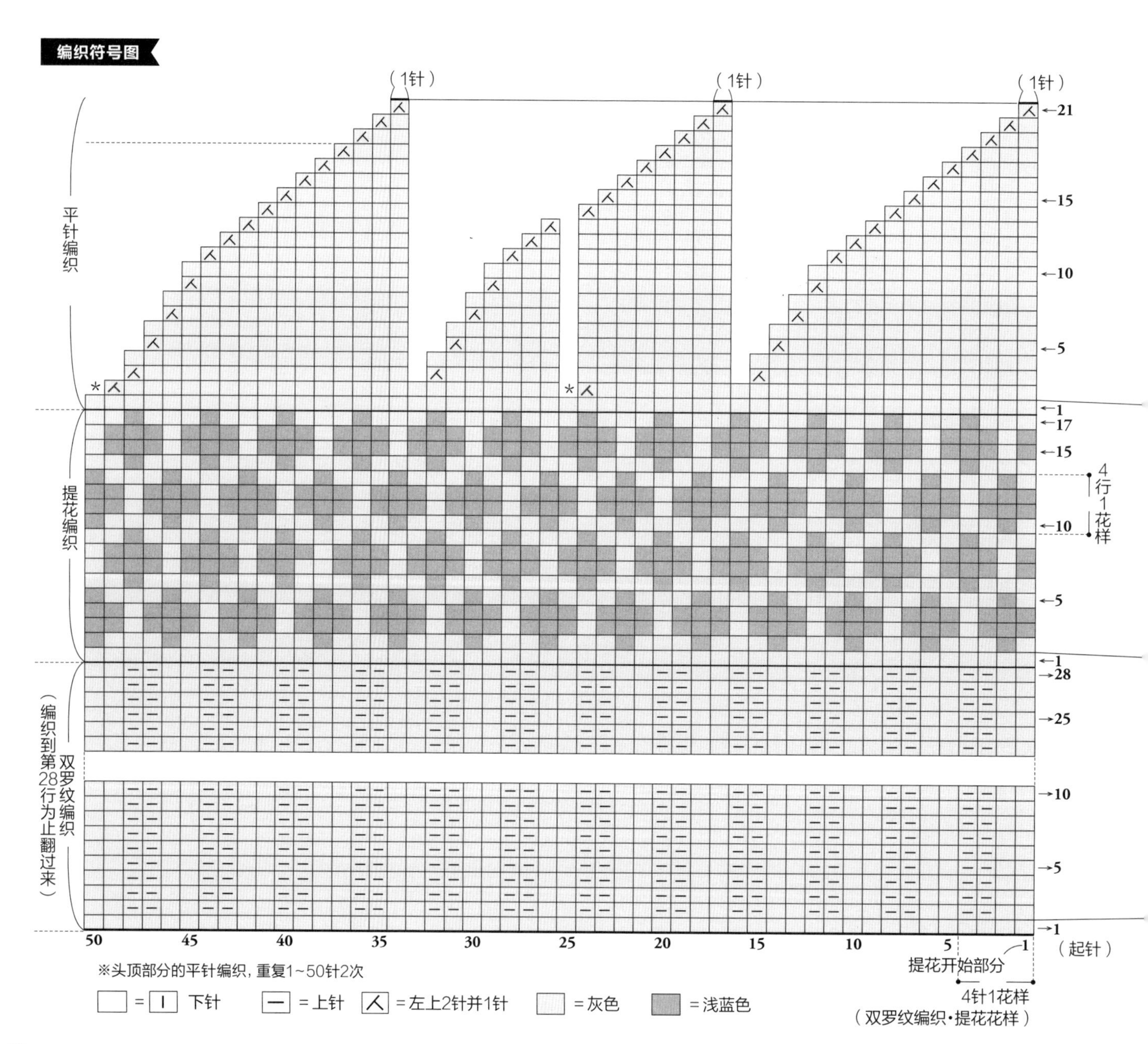

编织方法

1　一般起针法起针100针（8号针1根），在3根7号棒针里分别编织33针，34针，33针，圈织。到第28行为止编织双罗纹编织。

2　因为要翻转双罗纹编织，所以要将内外调转。翻转编织物底部，改变编织方向。换成9号棒针，提花花样请参照编织符号图。由于圈织时总是从外侧观察编织，提花花样全部用下针编织。将记号扣标记在行的边针里方便记忆行间的变换针。

3　提花编织花样到第17行（第1行是灰色的下针）为止换成7号针。在平针的第2行，整个24针里左上2针并1针编织，一共减4针，针数为16针的倍数96针。

4　参照编织符号图将帽子减针编织，编织完成部分的线留下30cm断线，穿过缝合针。最后的6针放1针穿过缝合针，第2圈里剩下3针穿过缝合针系紧。编织完成部分的线折回时在内侧（伸展时是外侧）处理。

5　双罗纹编织到自己喜欢的位置为止。

编织方法POINT

这款帽子主色线是灰色，配色线是浅蓝色。虽然大体上线是横向交替的，但交替各种线时，注意将主色线放在下面，配色线放在上面。渡线时注意不要连在一起，也不要太过于松散按照一定的长度来渡线。圈织提花图案编织时，线特别容易连在一起，关键点在于渡线时稍微松一些，效果会更好。

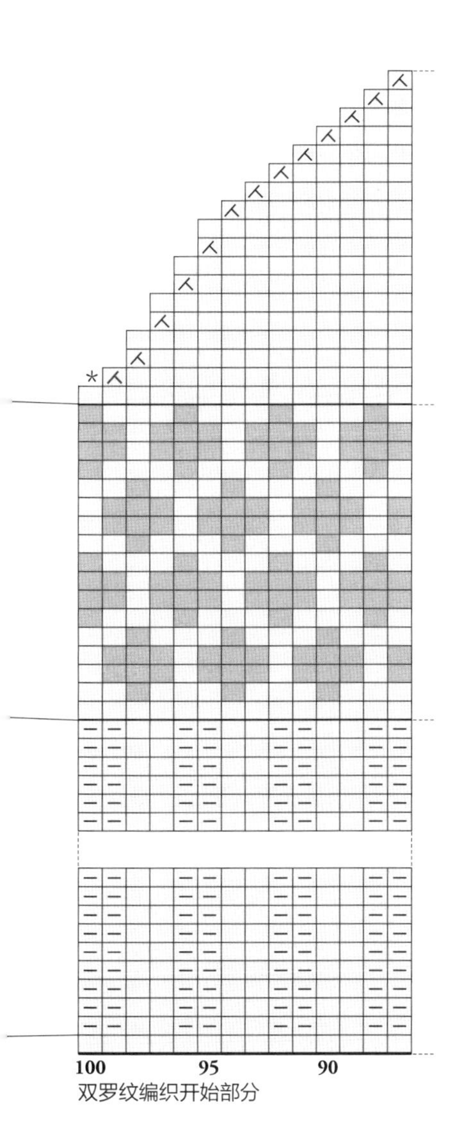

双罗纹编织开始部分

制作图示

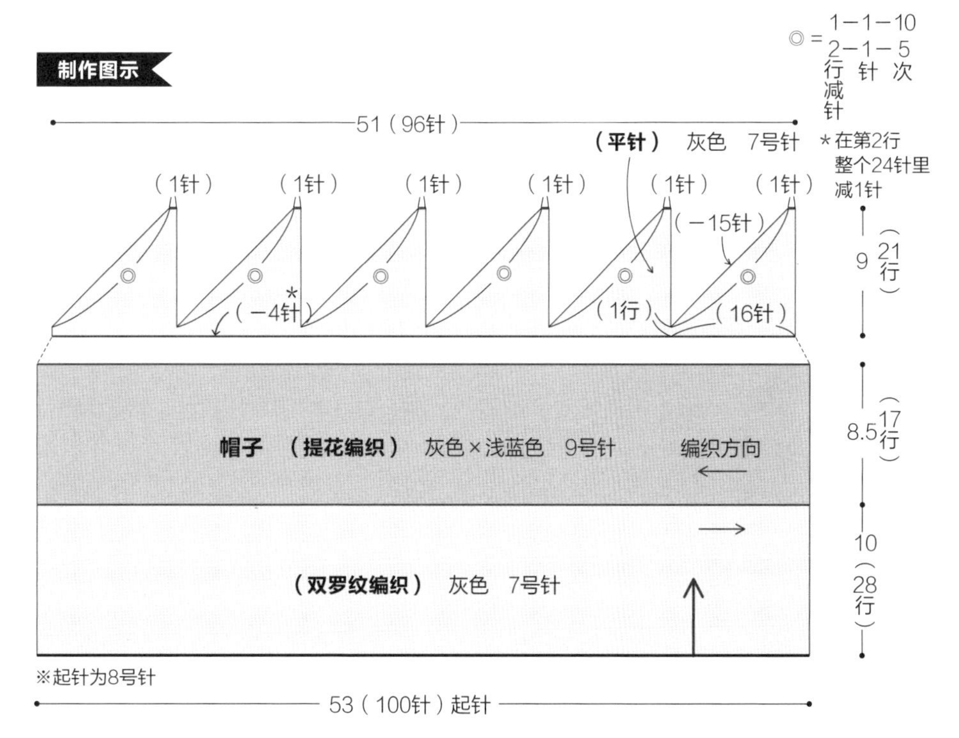

※起针为8号针

53（100针）起针

P.18
渐变色
三角披肩

难易度

●**材料** 粗混纺线（线捻得松）
绿色系段染色…130g
●**工具** 5号棒针4根或5号环形针（80~120cm）、
5/0号钩针、
以及粗的棉线（起针用的别线）、
棒针帽、缝合针等
●**成品尺寸** 宽110cm 长55cm
●**针数（编织密度）** 花样编织…22针×44.5行/10cm²

线的实物大小

编织方法

1 用5/0号钩针，用别线起针法起5针锁针（之后解开的起针）。线端留下20cm左右，用5号棒针挑起锁针的里针开始编织。运用花样编织，在两端和中央编织镂空针，在下一行穿过线的后面钩针使左右对称。

2 编织完成部分从内侧用5/0号钩针引拔针收针，注意收针时保持外观协调性。稍微松开钩织开始部分的别线的锁针，在5针里穿过钩织开始部分的线系紧，再处理线头。

编织符号图

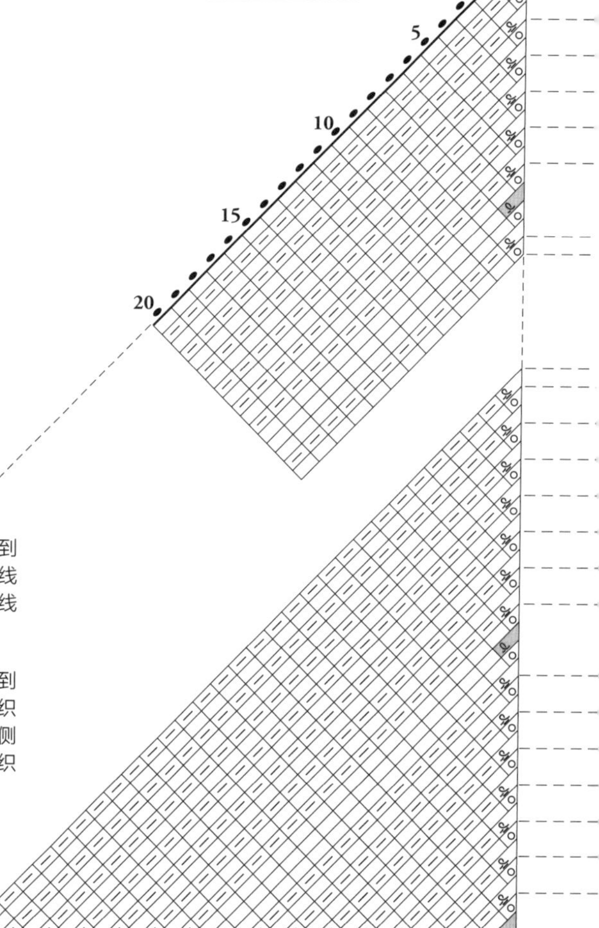

○ = 镂空针 — = 上针 □ = | = 下针

(扭针符号) · (扭针符号) · (扭针符号) · (扭针符号) = 扭针 ● = 引拔针收针

(扭针符号/○) = 编织镂空针时，将编织线从手跟前挂到对面那一侧。编织扭针时先将编织线放置于手跟前侧，在左针内侧的编织线上从左至右插入钩针来编织上针。

(扭针符号/○) = 编织镂空针时，将编织线从手跟前挂到对面那一侧。编织扭针时先将编织线放置于对面侧，在左针内侧的编织线上从右至左插入钩针来编织下针。

(扭针符号/○) = 编织镂空针时，将编织线从对面侧挂到手跟前那一侧。编织扭针时先将编织线放置于手跟前侧，在左针的手跟前侧的编织线上从右至左插入钩针来编织上针。

(扭针符号/○) = 编织镂空针时，将编织线从对面侧挂到手跟前那一侧。编织扭针时先将编织线放置于对面侧，在左针的手跟前侧的编织线上从左至右插入钩针来编织下针。

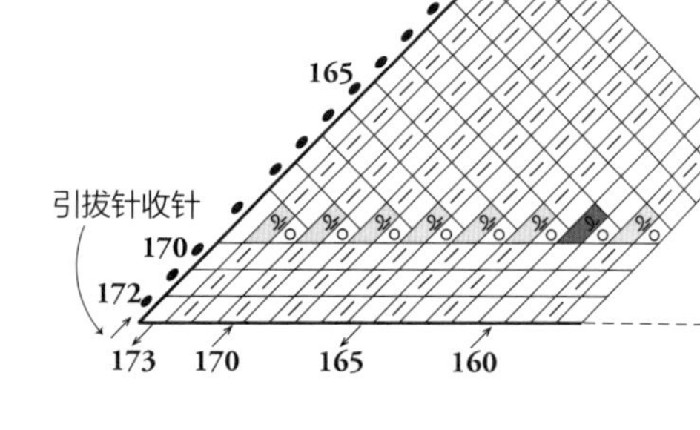

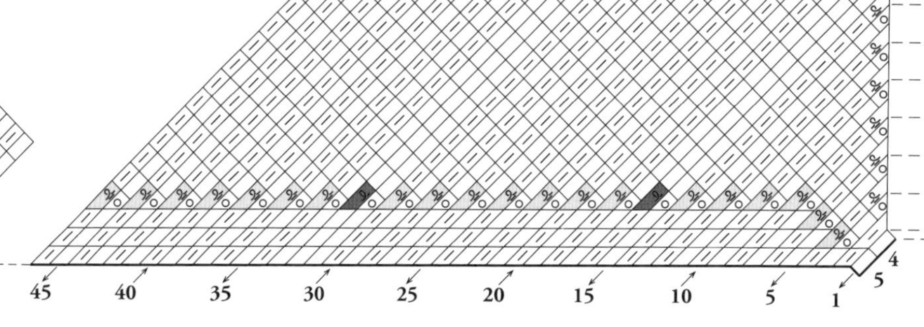

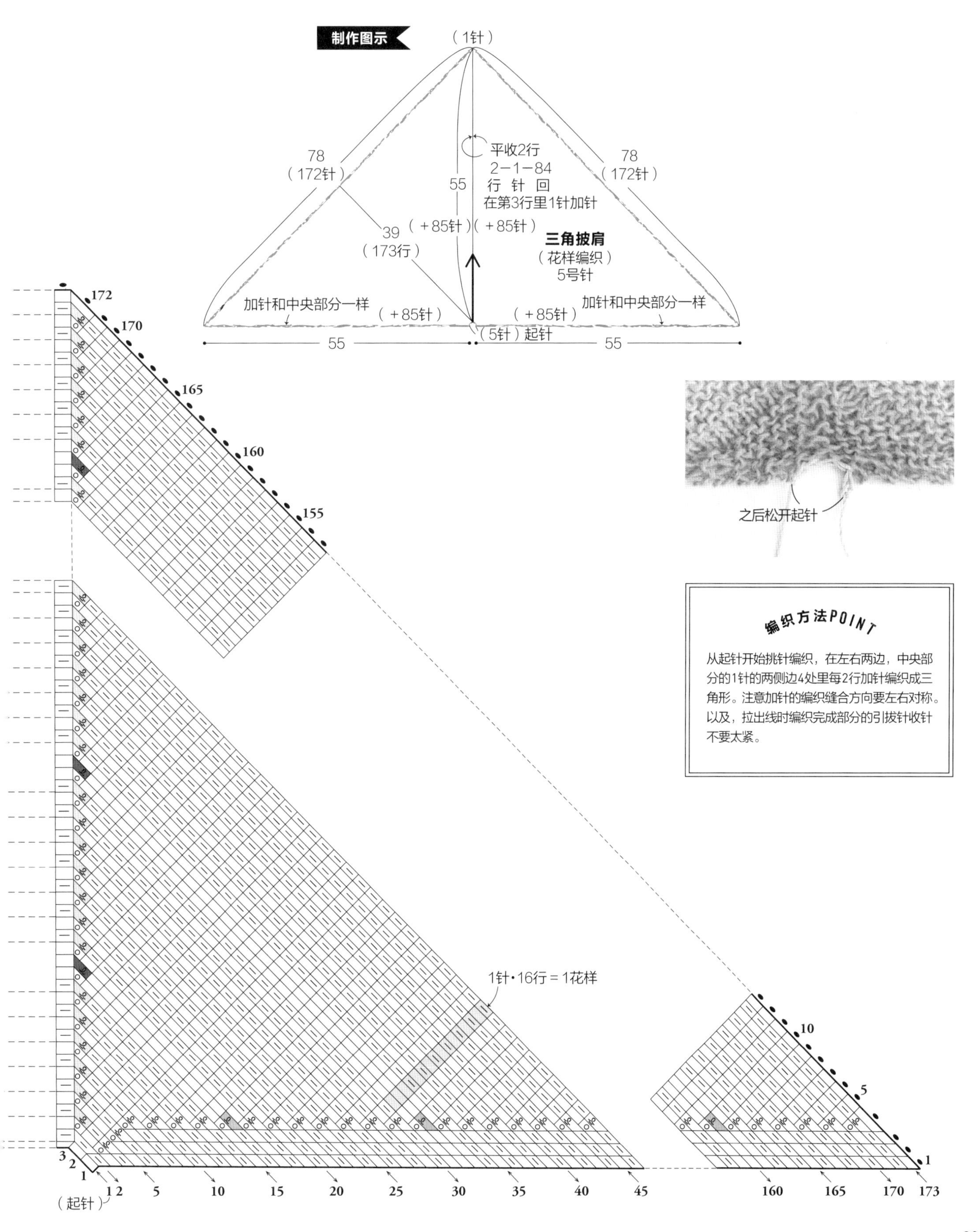

编织方法POINT

从起针开始挑针编织，在左右两边，中央部分的1针的两侧边4处里每2行加针编织成三角形。注意加针的编织缝合方向要左右对称。以及，拉出线时编织完成部分的引拔针收针不要太紧。

P.20
镂空背心

难易度

- **材料** 细混纺线 深绿色…240g、直径为1.5cm的贝壳制扣子…5个
- **工具** 4/0号钩针，以及缝合针、连接扣子用的线等
- **成品尺寸** 胸围90cm 背肩宽35cm 长56.7cm
- **针数（编织密度）** 花样编织…26针×7.5行/10cm^2

线的实物大小

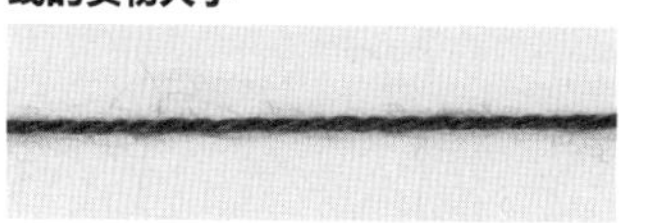

编织方法POINT

由于是2根线连在一起编织，注意不要掉线，特别是钩织长长针时在针里2次挂线抽出时要尤其注意。因为缝合侧面的线是1根，注意配合长针钩织的锁针，长长针钩织的高度来编织。

制作图示

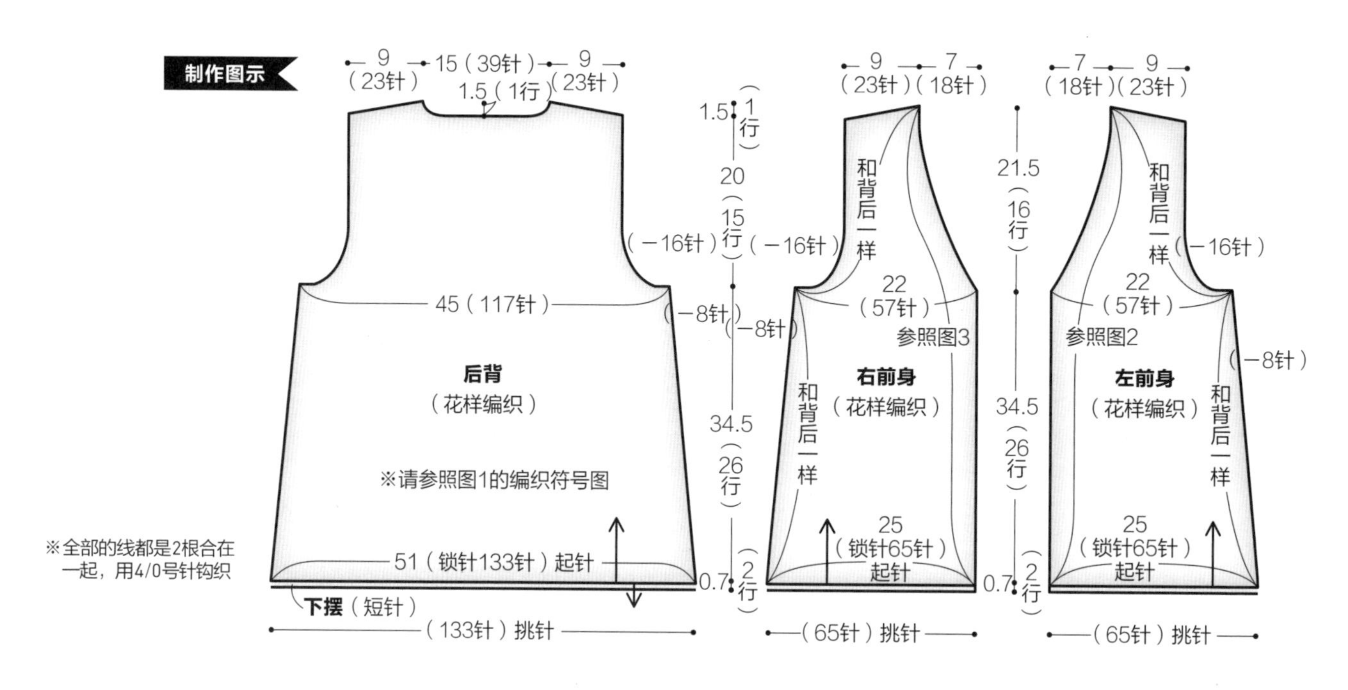

编织方法

全身部分，短针编织的线都是2根合在一起编织的。

1 钩织后背。钩织开始部分的线仅1根用于缝合侧面的留长120cm（另一根留10cm就可以了）。2根合在一起起133针锁针。请参照图1挑起挑针锁针编织的半针和里山用花样编织进行钩织。在钩织偶数行前行的锁针时，将钩针插入锁针的空隙里，将锁针成束挑起钩织。两个肩部都用编织完成部分的线1根来缝合，线留长40cm（另一根留长10cm就可以了）。

2 钩织前身部分。右前身部分钩织开始的部分，线和后背一样分别留长10cm和120cm长。左前身部分的2根线都是留10cm长就可以了。起65针锁针，和后背一样的要领钩织。请参照图2（整个左前身部分），图3（整个右前身部分）钩织前立领·领口。

3 肩部缝合，侧边缝合。配合中间部分，用各自留长的线把肩部所有的针卷针缝合编织，侧边用锁针和引拔针缝合编织。

4 缘编织。从下摆开始钩织。请参照图2在左前身部分的下摆里连线，继续整个前后部分短针2针钩织。在起针的空隙里将锁针成束挑起钩织。接着编织前立领~领口。请参照图3在右前身部分的下摆的缘编织里连线，挑起一端的针的一行钩织成束，在右领子里准备打开扣眼钩织3行。袖口请参照图1，在侧边连线后，用来回钩织线圈3行。在左领子里连接扣子。

前立领·领口

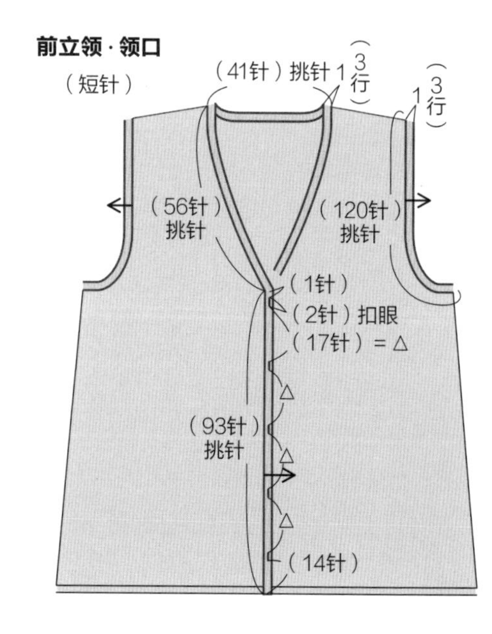

图1 后背的编织符号图

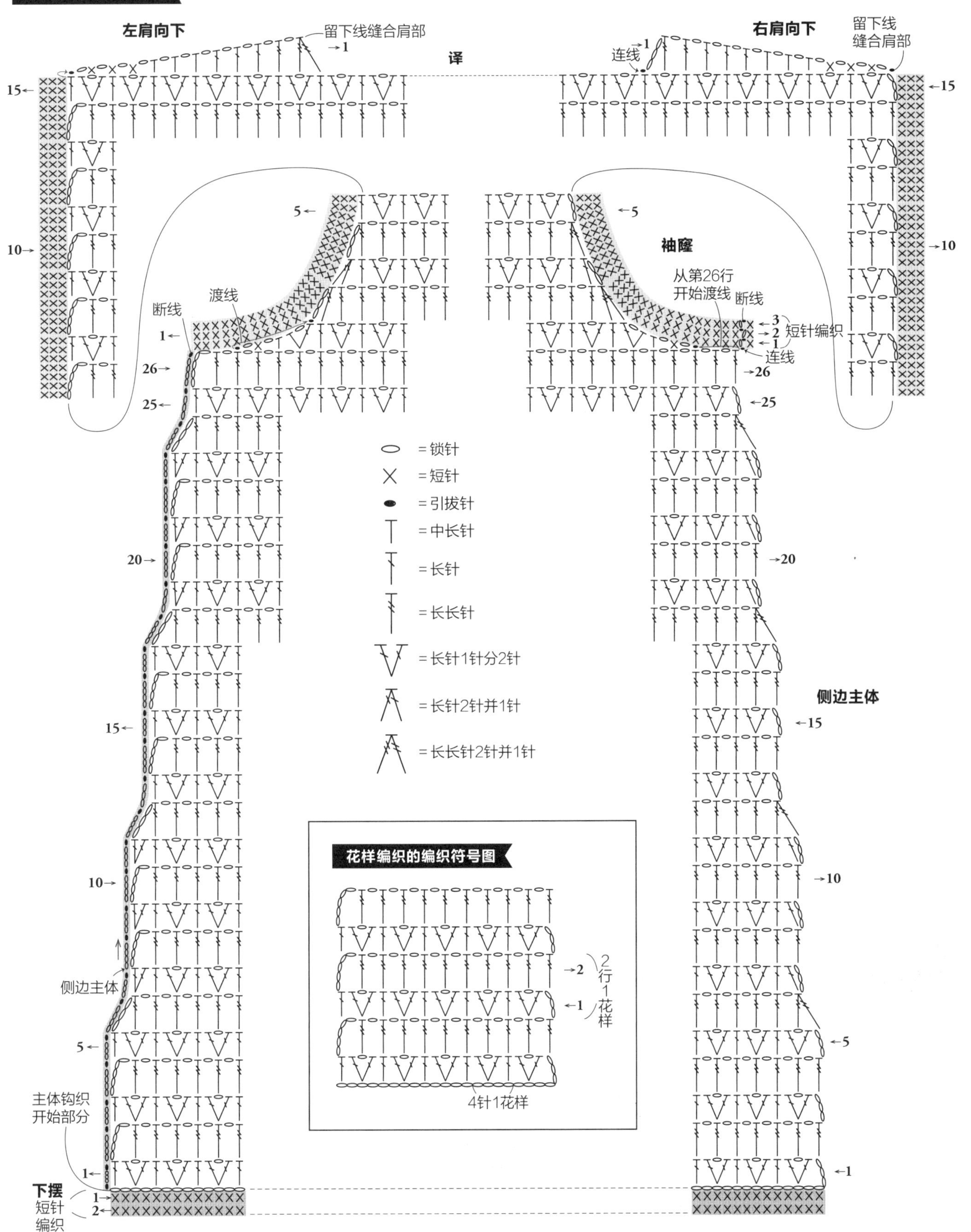

左肩向下
留下线缝合肩部
译
右肩向下
连线
留下线
缝合肩部
袖窿
从第26行
开始渡线
断线
渡线
断线
短针编织
连线
○ =锁针
× =短针
● =引拔针
=中长针
=长针
=长长针
=长针1针分2针
=长针2针并1针
=长长针2针并1针
花样编织的编织符号图
2行1花样
4针1花样
侧边主体
侧边主体
主体钩织
开始部分
下摆
短针
编织

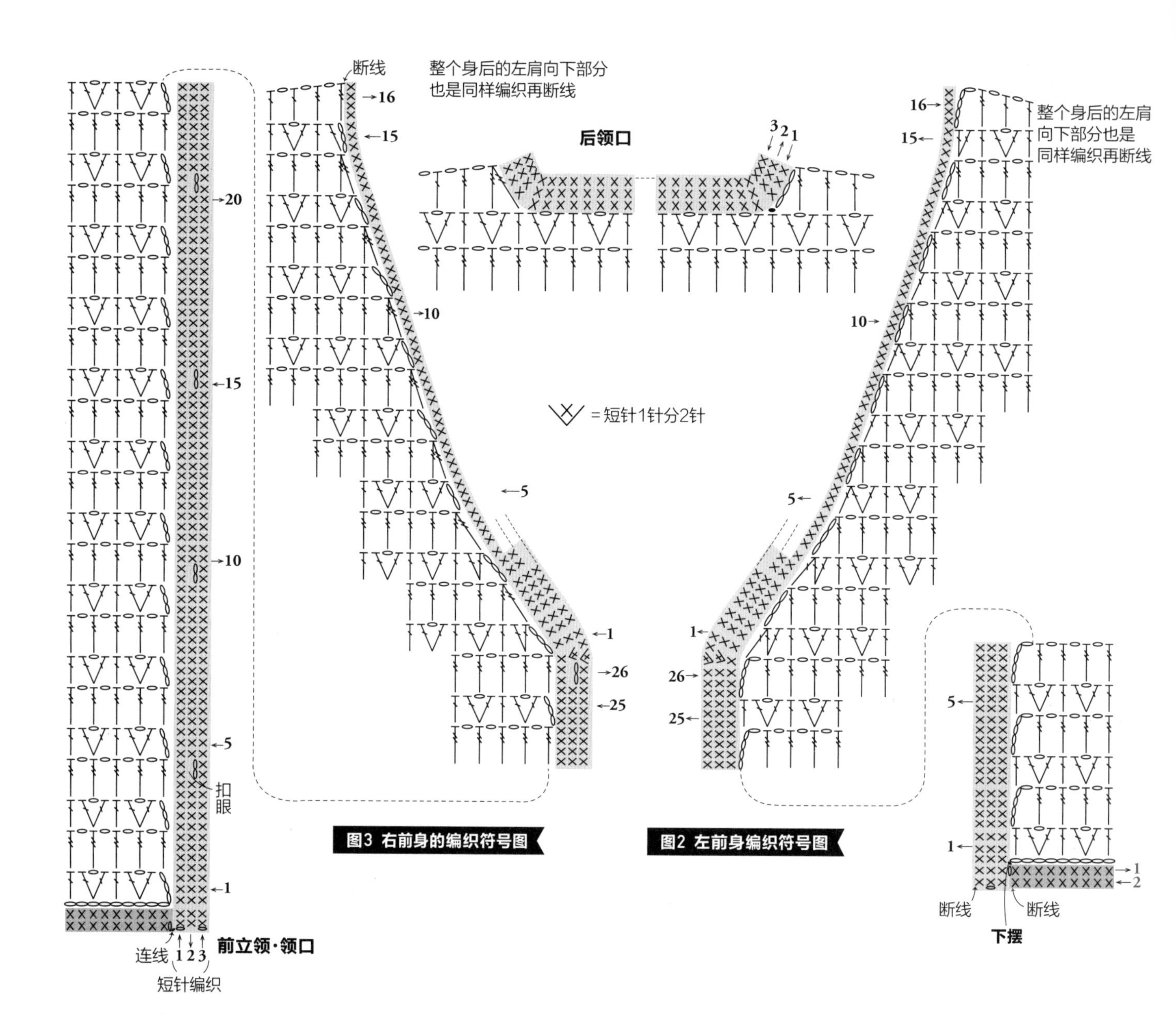

P.16
主题花样
盖膝毯

难易度

- **材料** 粗羊毛线 粉色，深红色，柿子色，橙色，青绿色，深粉色，红色、橙红色，嫩草色，淡绿色，绯红色，桃红色，淡黄色，冰绿色，黄绿色，淡粉色，黄色，薄荷绿色，绿色，淡蓝色，柠檬黄色，浅淡蓝色，蓝绿色，蓝色，浅蓝色…各10g 淡米色…200g
- **工具** 5/0号钩针，以及缝合针等
- **成品尺寸** 横向74cm 纵向83cm
- **主题花样的尺寸** 9cm×9cm
- 关于主题花样的配色在第90页。

编织方法POINT

为了防止中心的线圈散开，中心的锁针要拉紧。每一行，每一种颜色会交替，在钩织完成的针引拔停针后，钩织1针锁针断线，钩织开始部分，和完成部分一样，用相同颜色的线钩织长针后半针返针缝合钩织，根据这些要领穿线处理线。

线的实物大小

制作图示

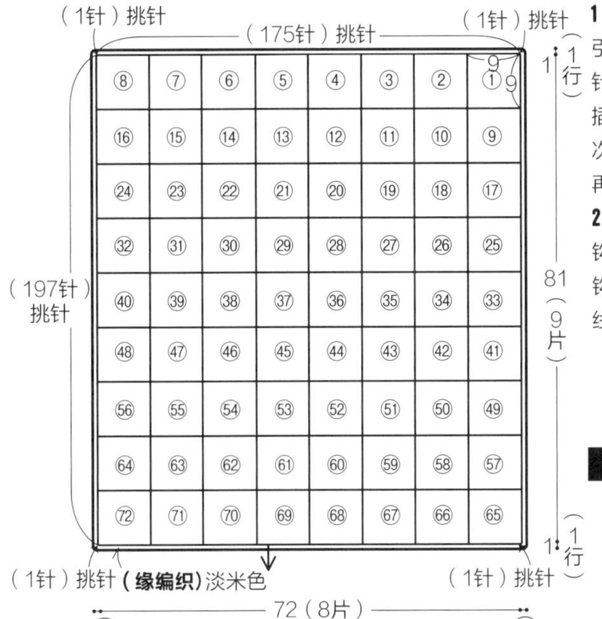

主题花样的编织方法

1 锁针钩织4针起针，钩织开始的锁针里引拔针收针连成线圈。第1行钩3针起立针，锁针2针钩完后在锁针钩织的线圈里插入钩针，“长针3针，锁针2针”重复3次。长针2针，起立针2针里引拔收针，再一次引拔针钩织，线端留3cm断线。

2 在第2行前行锁针的空隙里插入钩针，钩织锁针5针。之后，请参照编织符号图钩织（钩织完成部分和钩织开始部分一样线端钩织3针，剩下的线端半针返针缝合，运用此要领再一次钩织入针里）。钩织完成部分的2针长针在前行钩织开始部分2针锁针的空隙里将锁针成束挑起钩织。第3行、第4行也是每行线一边交替一边钩织。主题花样到第4行为止钩织72块。

3 请参照“主题花样的连接方法和缘钩织”，连接第5行钩织。在第5行的钩织完成部分的3针起立针里引拔针钩织，再一次在钩针里挂线钩织锁针1针。在内侧的长针里做绕线收尾处理。

主题花样的编织符号图

○ = 锁针
● = 引拔针
长针符号 = 长针
◀ = 断线
▷ = 接线

※请参照配色表（90页）钩织第1~4行，第5行开始用淡米色线钩织连接

连接主题花样的方法和缘编织

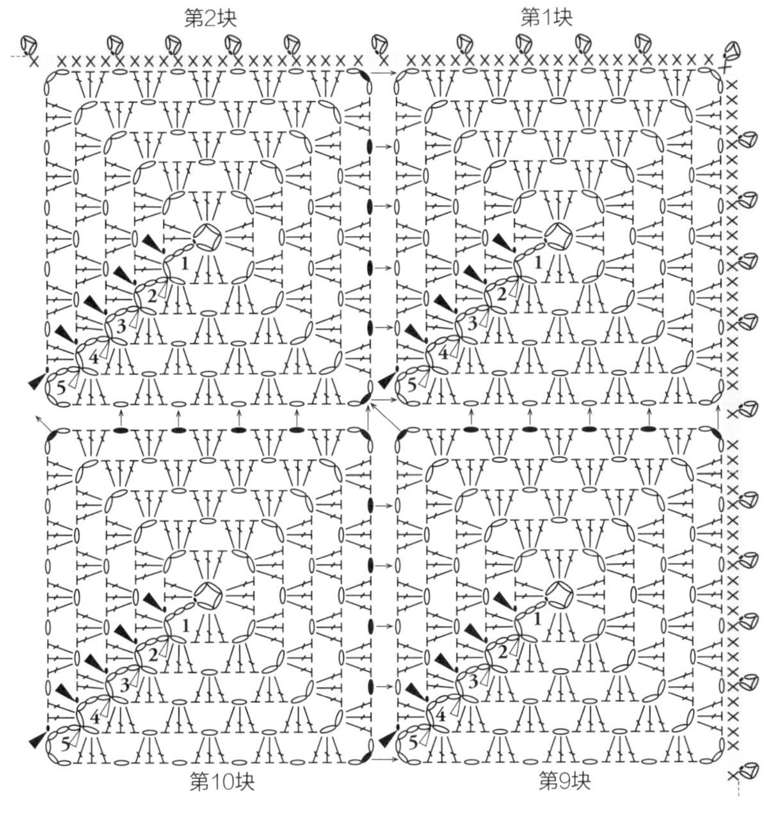

缘编织的编织符号图

× = 短针
狗牙拉针符号 = 锁针3针的狗牙拉针

缘编织
72块
在钩织完成部分将最初的短针里连接锁针链部分
钩织开始部分

连接主题花样的方法

第5行的连接位置的锁针，在相邻的主题花样锁针的空隙里从上方插入钩针。将锁针成束挑起引拔针钩织，按照制作图示里的①~⑫的顺序一边连接一边钩织。将第9块连在第1块上，左上方的角连接在第2块的引拔针里。第10块的右上的角也是连接在第2块的引拔针里。之后，角都是同样的钩织方法连接。钩织到第72块，不要断线，立起1针锁针，继续进行缘编织。在前行的锁针的线束里插入钩针钩织。在主题花样之间连接部分的空隙里插入钩针钩织。钩织完成部分留下10cm断线，穿过缝合针。挑起编织开始部分的短针的头针的2根线，返回到抽出线的地方钩织锁针（连接锁针链），在内侧整理剩余线头。

P.25
提花图案护腕手套

难易度

- **材料** 中粗羊毛线
  绿色…35g、灰色…10g、
  白色…10g、红色…5g
- **工具** 6号短棒针4根，
  以及7号带头的棒针1根
  （起针用）、记号扣、缝合针等
- **成品尺寸** 绕手腕一周19cm 长18cm
- **针数（编织密度）** 提花编织A・B…25针×27行/10cm²

编织方法POINT

4种颜色的提花，每一行用2种颜色编织。圈织编织花样容易理解，不提花的线不渡线稍微拉宽编织。注意不要把底色线和配色线的送线上下插入弄混了。

线的实物大小

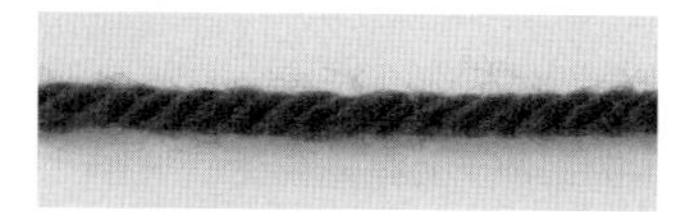

编织符号图

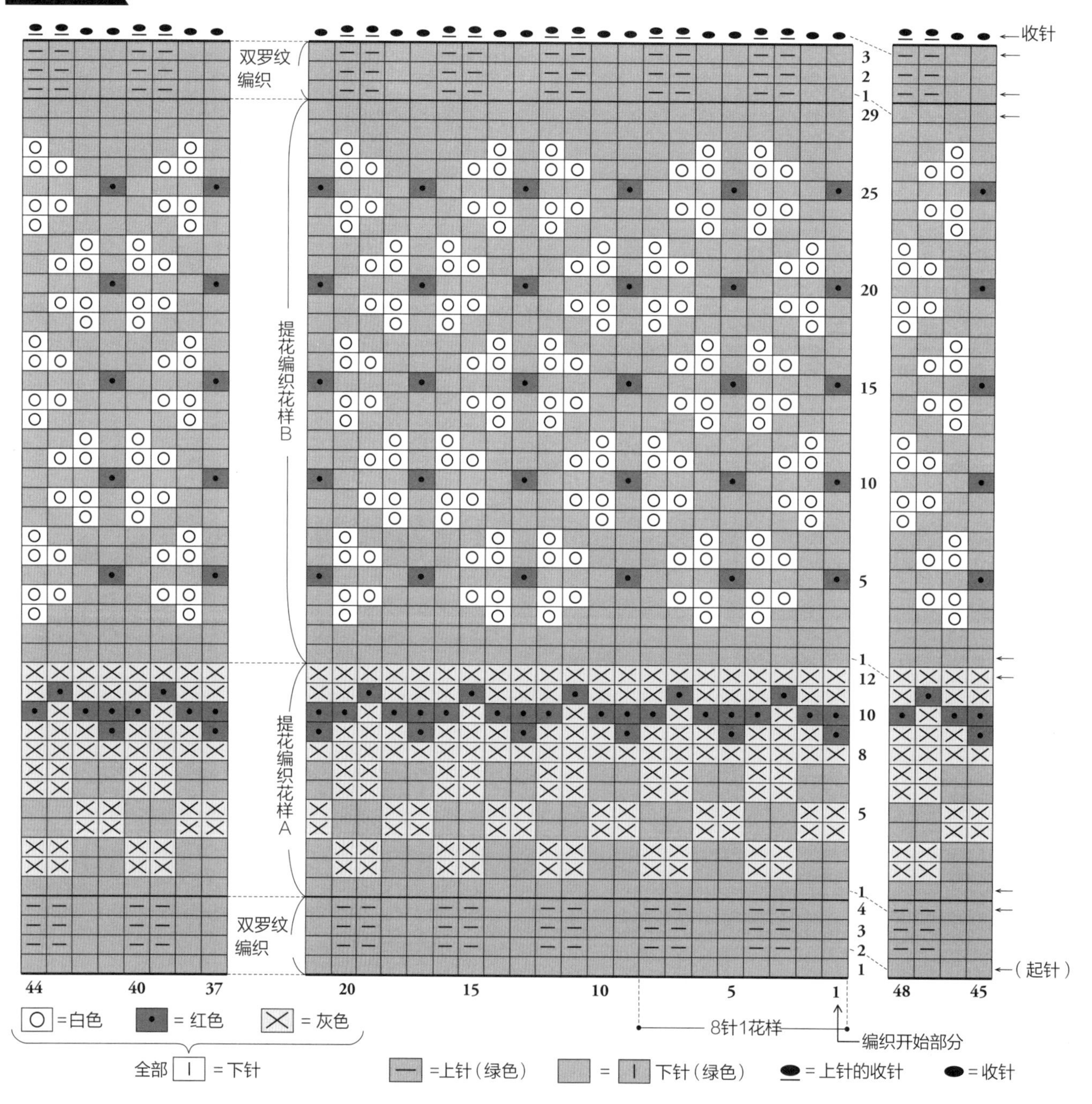

编织方法

编织同样形状的2块。

1 用一般起针法起针48针（7号棒针1根），在3根6号棒针上分别编织6针圈织。到第4行为止编织双罗纹。

2 之后请参照编织符号图进行提花花样编织。因为圈织是从外侧观察的，提花编织花样用下针编织。在行的边针里放上记号扣做记号。

3 最后的3行是双罗纹编织，编织完成部分下针是下针，上针是上针编织收针。收针结束后，将线从针里引拔穿过缝合针，穿过最开始的收针的针里，再回到最后的收针的针里编织锁针（连成链状）。在内侧整理线头。和编织开始侧的线端同样处理方法。

提花编织花样的注意点

此处把绿色线作为主色线，其他的线作为配色线。提花编织花样A的8～12行以灰色线为主色线，红色线为配色线。编织渡线时是横向交替的，请将主色线置下方，配色线置上方。渡线时不要太紧或太松要保持一定的长度。圈织的提花编织花样尤其容易连在一起，稍微松开一些渡线。

制作图示

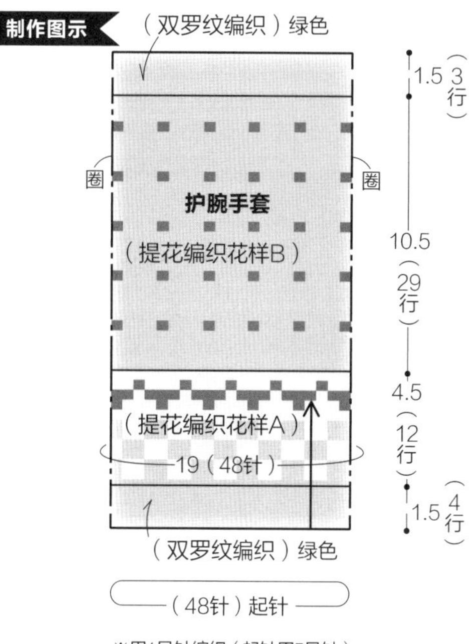

※用6号针编织（起针用7号针）

P.27
方格花样盖膝毯

难易度

● **材料** 极粗羊毛线
酒红色…550g

● **工具** 8号带头棒针2根、7/0号钩针，以及9号带头棒针1根（起针用）、缝合针等

● **成品尺寸** 横向79.5cm 纵向110cm

● **针数（编织密度）** 花样编织…16.5针×27行/10cm²

线的实物大小

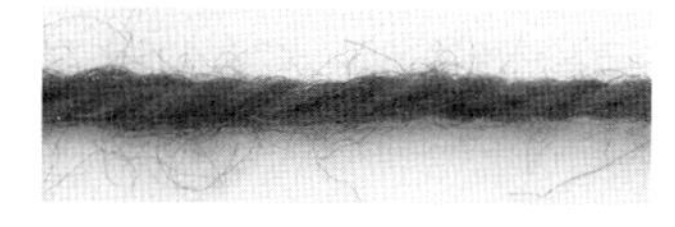

制作图示

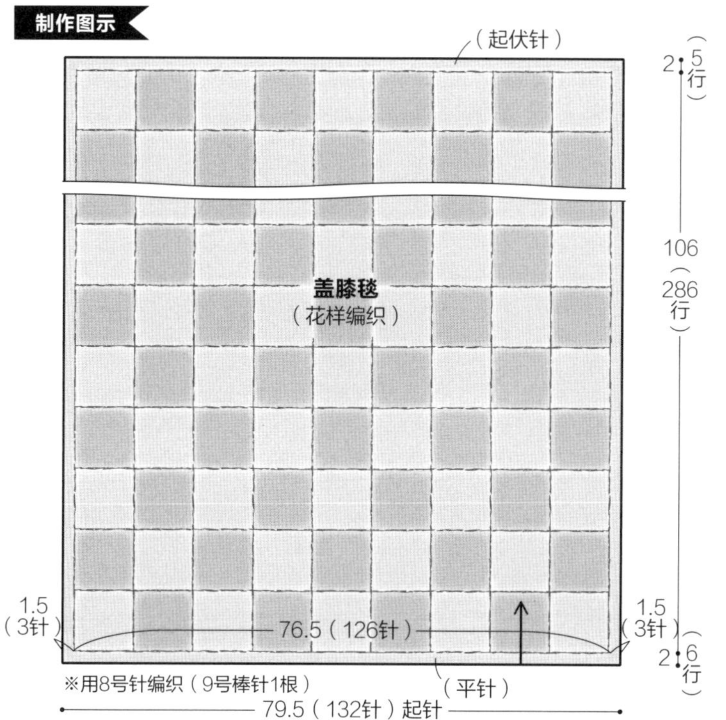

※用8号针编织（9号棒针1根）

79.5（132针）起针

编织方法

1 一般起针法起针132针（9号棒针1根）。换成8号棒针织平针到第6行为止。之后请参照编织符号图，配置花样编织和两端的平针编织。花样编织是用平针和起伏针来编织方格花样。平针和起伏针的边针稍微编织紧一些成品会更美观。

2 花样编织286行，织起伏针5行。编织完成部分用7/0号钩针引拔针收针。

编织符号图

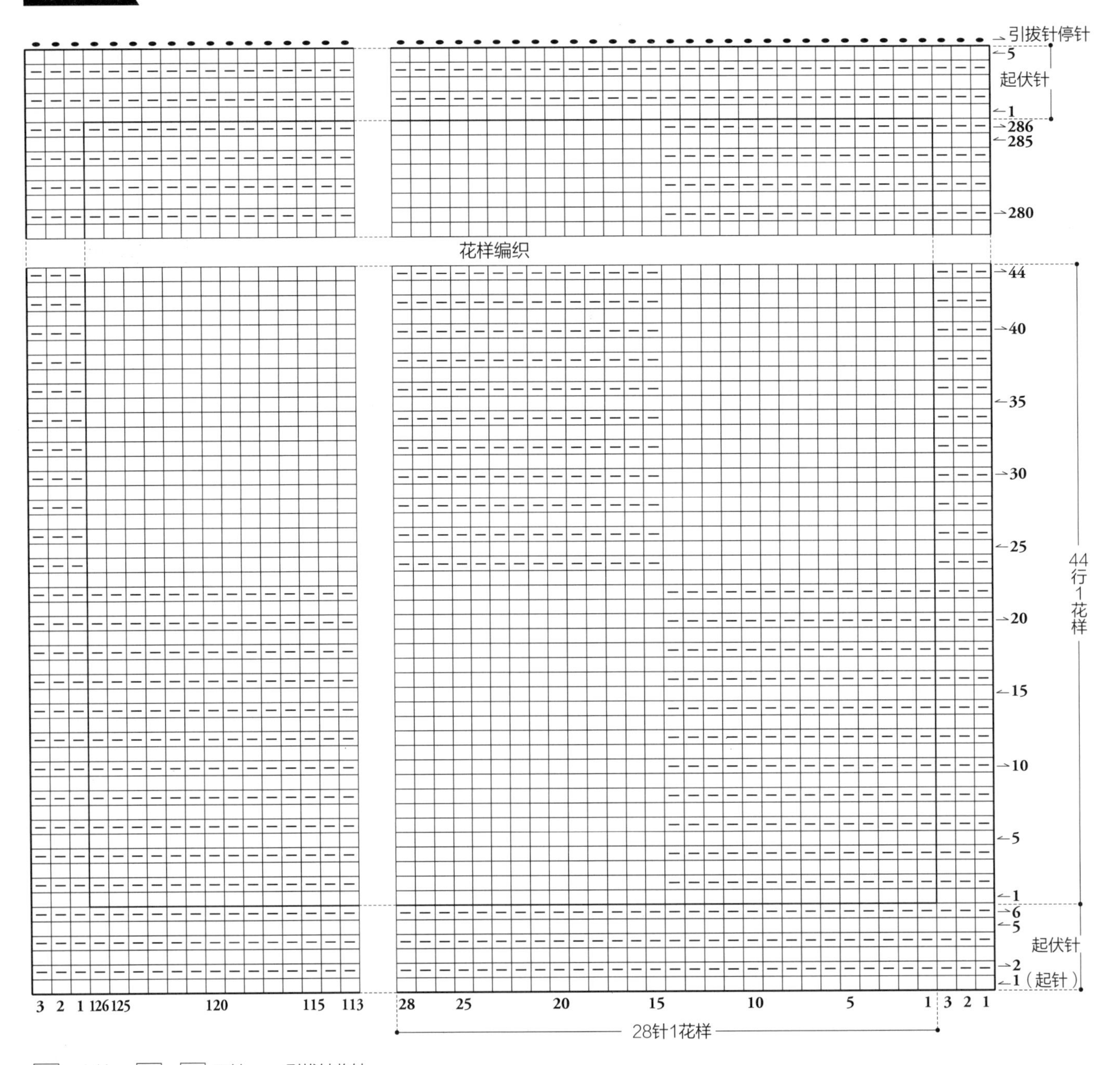

– = 上针　□ = | 下针　• = 引拔针收针

编织方法POINT

只用了下针和上针编织的简单但又有效果的花样。编织开始和完成的部分是起伏针，稍微编织得紧一些会更美观。两边都是一直编织的，所以线在交替的时候往内侧收一收。

P.29
主题花样
披肩

编织方法

1 起针时钩织4针锁针，在钩织开始部分的锁针里引拔钩织成圈。第1行在第3针挑起，将钩针插入锁针的线圈里，钩织长针2针的枣形针。重复5次“锁针5针，长针3针的枣形针编织”后编织5针锁针，在编织开始部分的枣形针的头里引拔出来。

2 钩织第2行时，将钩针插入锁针的空隙里挑成束引拔钩织（移动开始部分拉起的位置）。在锁针3在针里拉起，之后，请参照编织符号图钩织。在第4行钩织完成部分，将钩织开始部分的短针的头部引拔出，再一次挂线引拔。

3 内侧将线穿过短针、枣形针，用半返缝合针的要领再一次绕线后断线。

4 请参照主题花样的连接方法，一边钩织42块主题花样一边连接。

难易度 

- **材料** 中粗混纺线 灰色…115 g
- **工具** 6/0号钩针，以及缝合针等
- **成品尺寸** 宽约33cm 长约138cm
- **主题花样的尺寸**
  纵向12.5（13）cm×横向11.5（11）cm

※（ ）内是纵向伸展时的尺寸

线的实物大小

编织符号图

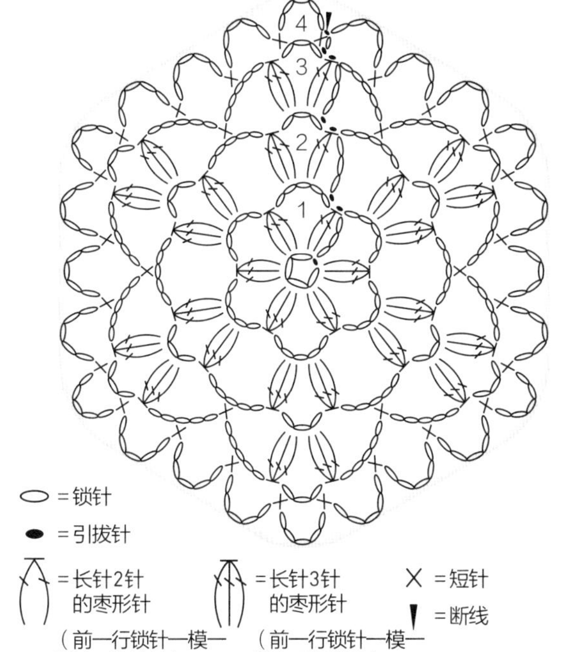

制作图示

主题花样

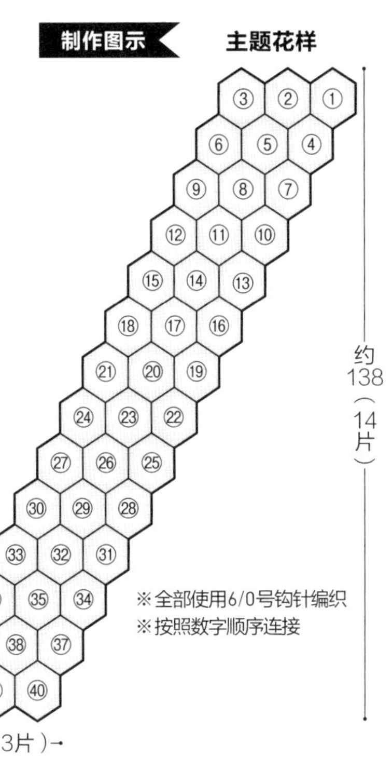

编织方法POINT

起针是锁针的环形起针，用长针3针的枣形针钩6处V形，组成六角形。钩织完成部分都固定在同一个位置连接，一片主题花样是六角形，纵向连接纵向伸展。

连接主题花样的方法

钩织第2片以后，一边钩织第4行一边将连接处成束挑起引拔针连接。线的处理一整片一整片地进行。

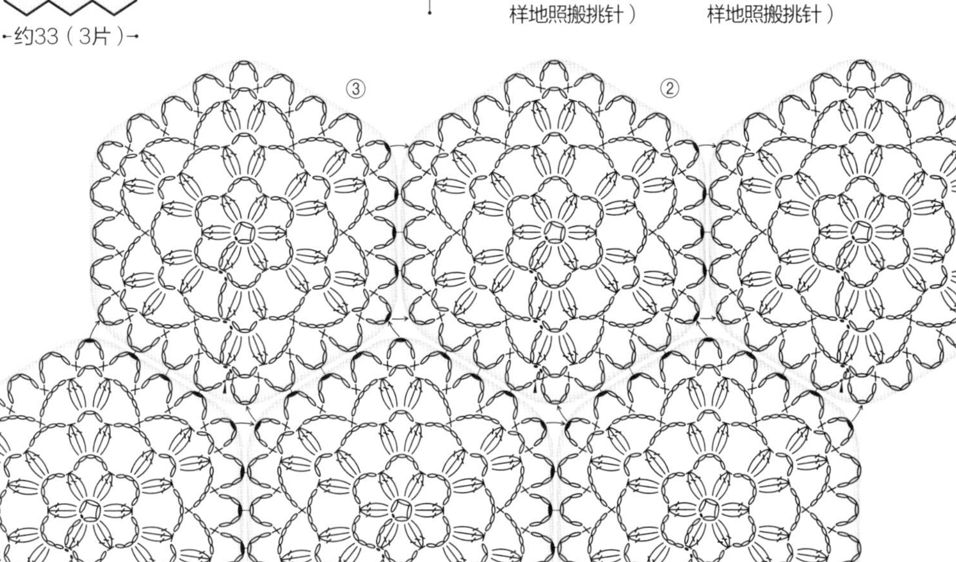

P.30
带有胸针的围脖

难易度

●**材料** 中粗混纺线 白色
围脖…60g、胸花…5g、
直径2.4cm的扣子1个、
2.5cm的胸花别针1个

●**工具** 10/0号钩针，
以及缝合针等

●**成品尺寸** 围脖…宽12.5cm 长58cm
胸针…直径约8cm

●**针数(编织密度)** 花样编织…4花样×5行/10cm²

线的实物大小

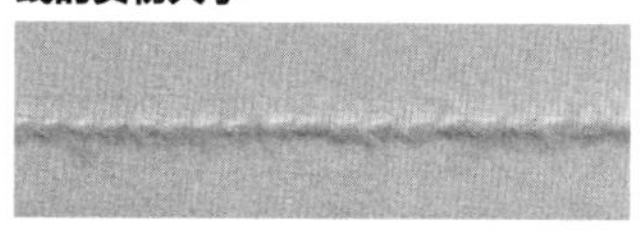

围脖的编织方法

全部的线都是用2根线钩织。

1 起17针锁针，立起3针锁针。挑锁针半针和里山的2根开始花样编织。第1行的花样编织，钩中长针4针的枣形针，挑锁针半针和里山，第2行之后将钩针插入前一行的锁针编织的空间里，将锁针成束挑起钩织。

2 钩织到第28行为止，接着进行缘编织。缘编织也和前一行锁针编织的部分一样将锁针成束挑起钩织。

3 将线连在编织开始部分的那一侧里，进行缘编织（枣形针编织里的针挑锁针半针，起针的锁针编织的部分成束挑起钩织）。

4 在制作图示的指定位置里连接扣子。

制作图示

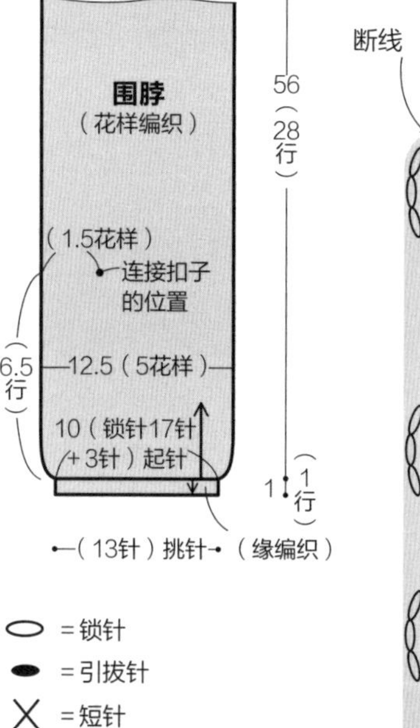

○ =锁针
● =引拔针
× =短针
=中长针4针的枣形针
=锁针3针的狗牙拉针

围脖的编织符号图

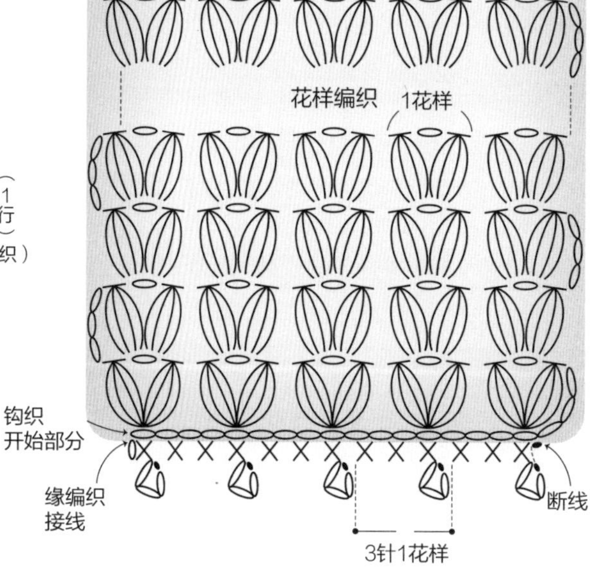

编织方法POINT

用中长针4针的枣形针和锁针来编。为了让枣形针有蓬松感，抽出挂线时将线稍微留长后抽出，系线时将线拉紧。

胸针的编织方法

全部都是用两根线钩织。

1 锁针4针起针，在钩织开始部分的锁针里引拔编织成线圈。

2 编织第1行。立起2针锁针，将钩针插入锁针编织的线圈里（中长针3针的枣形针2针，锁针2针）钩织6次。钩织完成部分在中长针钩织的枣形针的头针里引拔出。

3 第2行将锁针成束挑起并引拔出（移动到钩织开始部分）。立起2针锁针，挑前行的锁针钩织成束（锁针1针，中长针1针）钩织7次。下一个花瓣也是成束挑起前行的锁针（锁针1针，中长针1针）钩织8次。重复以上步骤。在钩织完成部分在起立针的第2针锁针里引拔，再处理线头。

4 将胸针缝合连接在内侧。

胸针的编织符号图

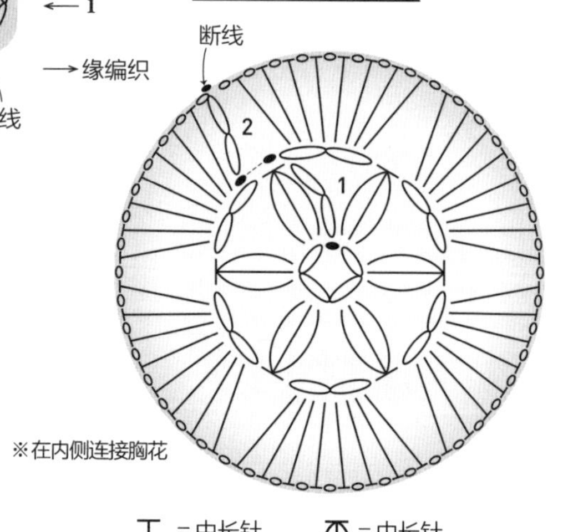

※在内侧连接胸花

=中长针　=中长针3针的枣形针

P.32
格子图案小挎包

难易度

●材料 粗羊毛线 深绿色…33g、蓝色…21g、黄绿色…11g、浅蓝色…6g、茶色…4g、淡黄色…2g、直径1.4cm的磁力扣子1组

●工具 4/0号钩针、6/0号钩针，以及缝合针等

●成品尺寸 宽18cm 高18.5cm

●针数（编织密度） 花样编织…26针×31行/10cm²

线的实物大小

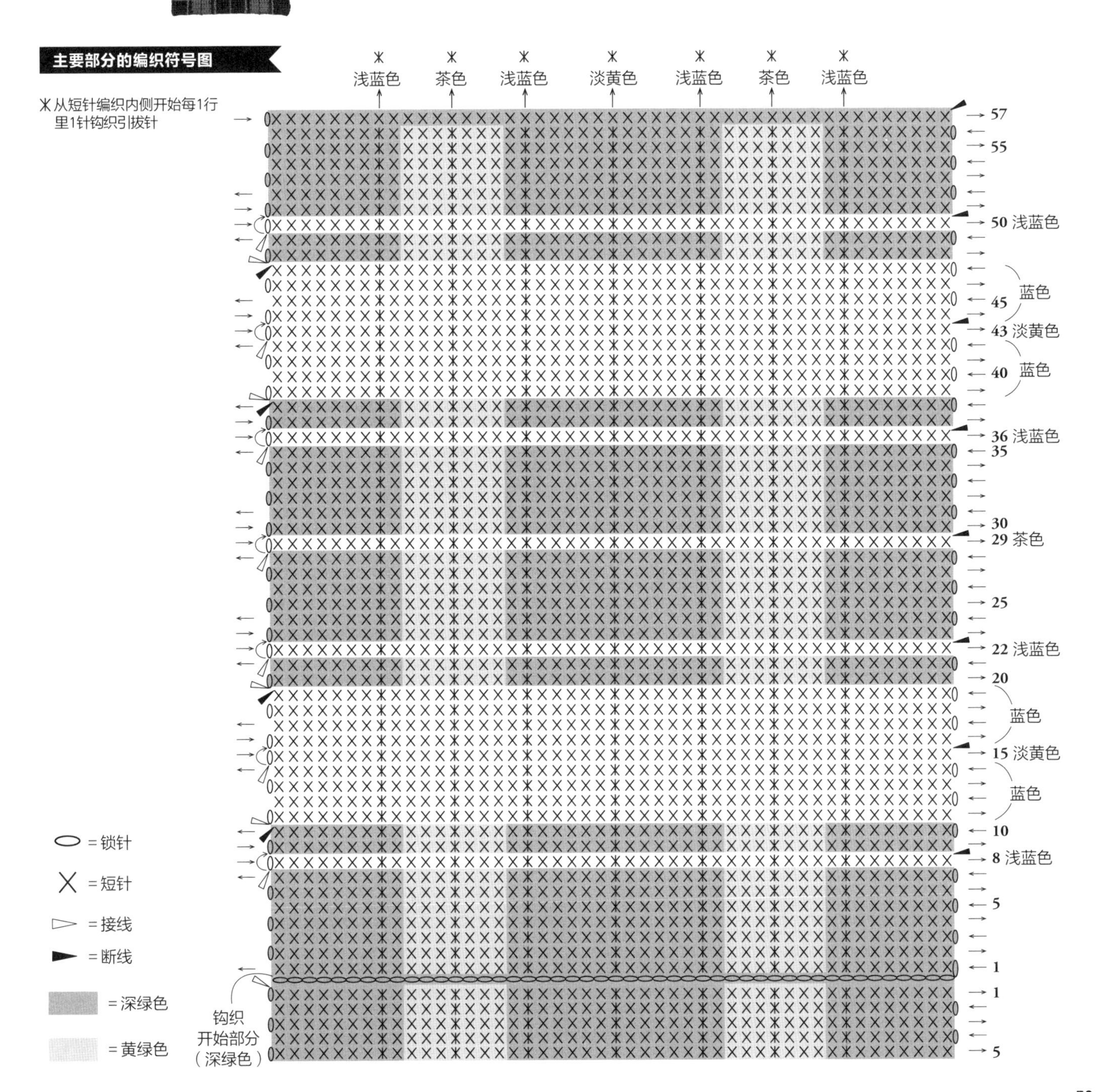

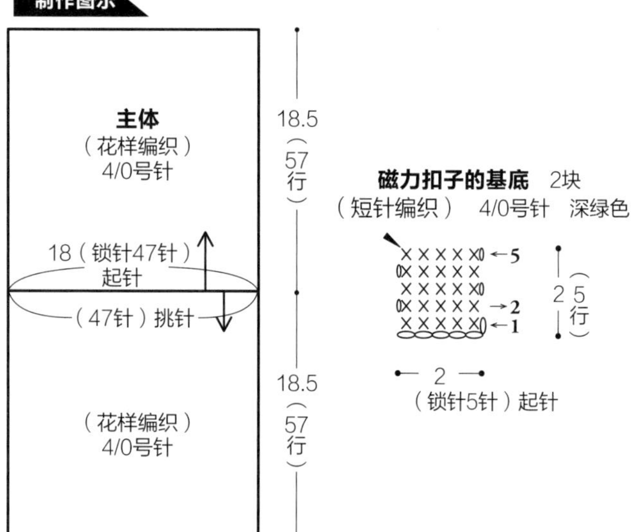

编织方法

使用在花样钩织的纵向里的渡线方法钩织（参照图片）。钩织过程中，为了尽可能地不断线向前钩织，注意钩织方向的交替。按照深绿色3团、黄绿色2团组成一团线分开放置。

1 用4/0号针用深绿色的线起47针锁针。挑锁针的半针和里山开始花样编织。第1行是深绿色，黄绿色，深绿色，黄绿色，深绿色，连接各自的线团钩织。只有1行按照横向纹路接线开始钩织各个颜色，整个完成后断线。

2 在反面挑起针的半针，与之前先钩织好的部分对称钩织。

3 在指定的位置里，从内侧将纵向线引拔钩织。

4 配合两侧和折起来的翻边反面引拔针缝合。

5 手提部分，用1根深绿色的线和1根蓝色的线绕成的2根线，从侧边的缝合位置开始锁针钩115～120cm，在反面引拔停针。

6 用4/0号针深绿色的线钩织磁力扣子的基底，把磁力扣子缝合在基底上，再锁缝连接在主体上。

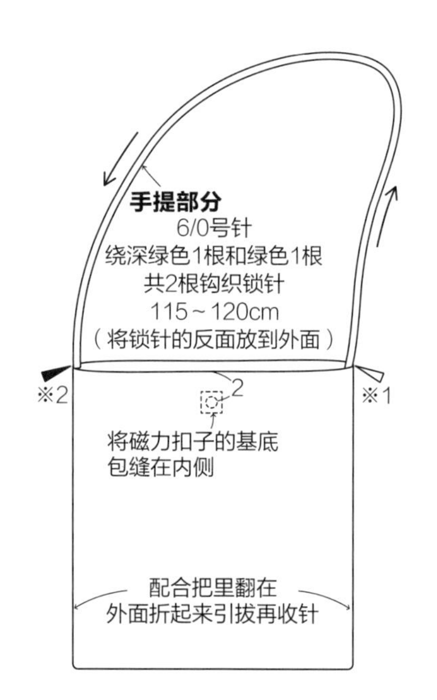

※1 从里侧将针插入在缝合针的侧边里抽出，钩织锁针1针。线端从里侧抽出后处理线头。

※2 从里侧将针插入在缝合针的侧边里引拔针钩织收针。线端从里侧抽出后处理线头。

编织方法POINT

从底部开始钩织。用锁针起针，从第1行开始交替颜色，短针编织。交替颜色时，一边注意别让最后的颜色的短针的头针太松散一边挂线再引出。

纵向起针线配色的钩织方法

1

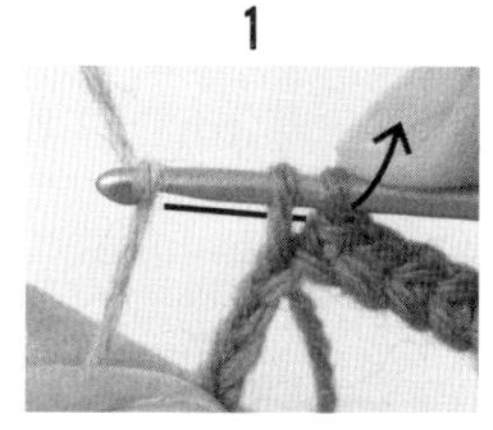

第1行，在深绿色的第9针未完成的短针编织的时候，将线向下停针。把黄绿色的线挂在钩针上引出。

2

引出后，把黄绿色的线的一端停在对侧。

3

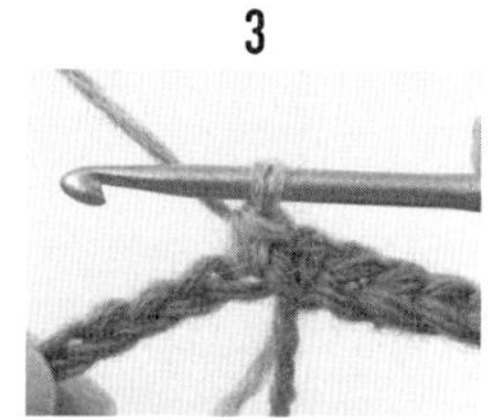

在起针的锁针里用黄绿色的线钩织下去。

4

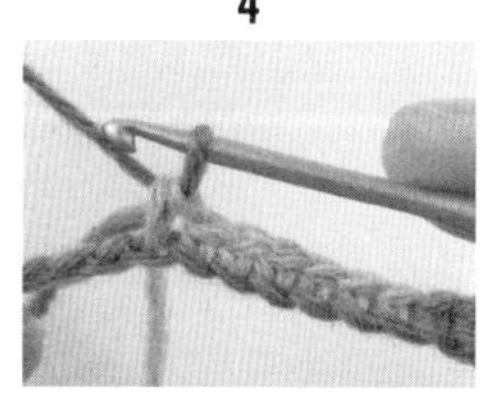

在从黄绿色线到深绿色线交替时也和步骤1、2一样地交替线。

5

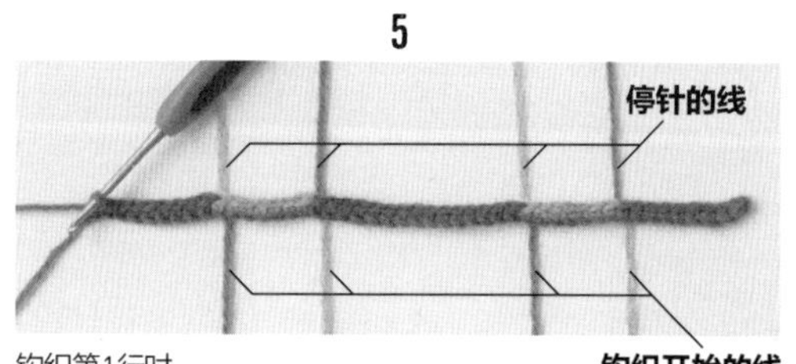
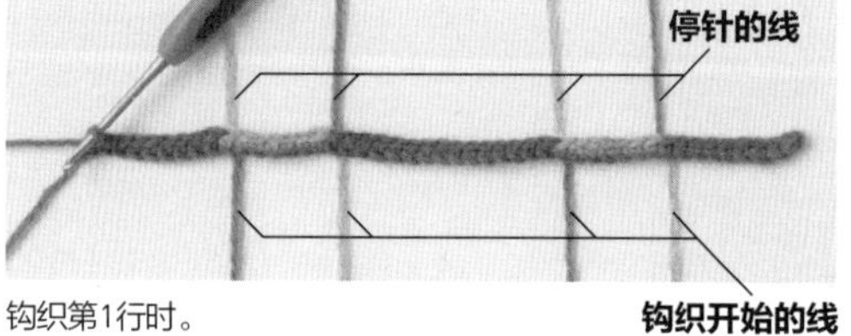

钩织第1行时。

6

第2行在反面，换线时放开深绿色的线停针换成黄绿色的线。

7

用黄绿色的线进行短针编织。换线时总是把停针的线放在手跟前交替。

8

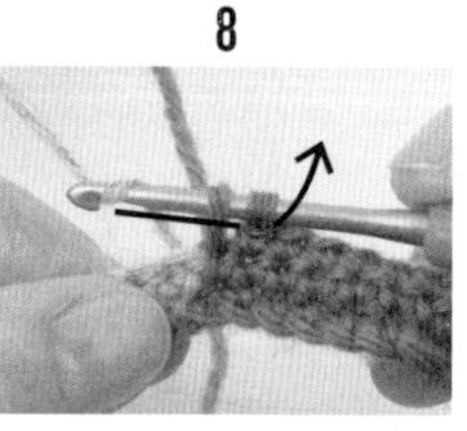

因为第3行是正面，所以将停针的线和对面的线交替。

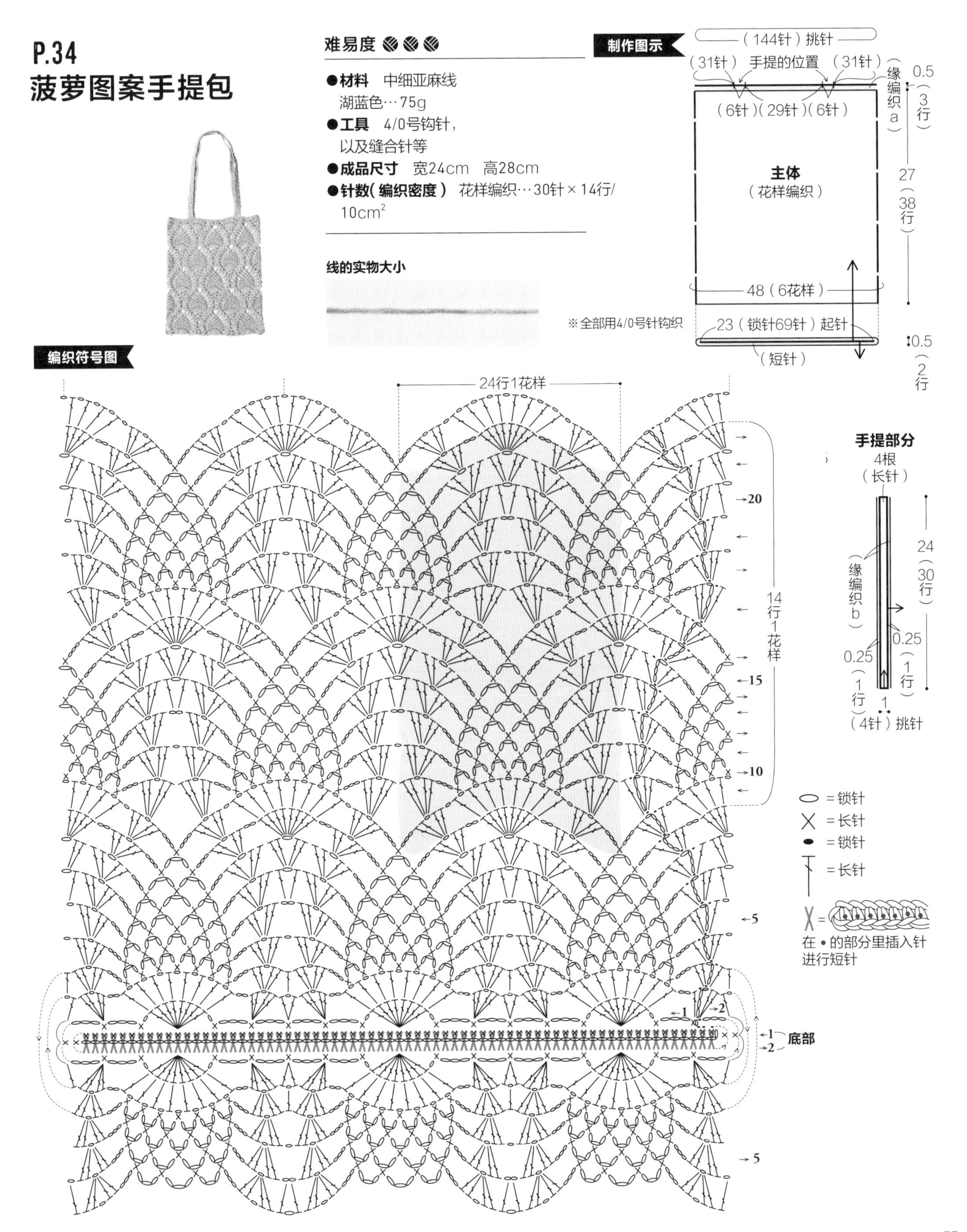
P.34
菠萝图案手提包
难易度
●材料 中细亚麻线
湖蓝色…75g
●工具 4/0号钩针，
以及缝合针等
●成品尺寸 宽24cm 高28cm
●针数(编织密度) 花样编织…30针×14行/10cm²
线的实物大小
※全部用4/0号针钩织
制作图示
(144针)挑针
(31针) 手提的位置 (31针)
(6针)(29针)(6针)
缘编织a
0.5 (3行)
主体
(花样编织)
27 (38行)
48(6花样)
23(锁针69针)起针
(短针)
0.5 (2行)
编织符号图
24行1花样
14行1花样
底部
手提部分
4根
(长针)
缘编织b
24 (30行)
0.25 (1行)
0.25 (1行)
1 (4针)挑针
=锁针
=长针
=锁针
=长针
在•的部分里插入针进行短针

编织方法

1 钩织底部。起69针锁针。钩1针起立针，挑起锁针的半针和里山，开始钩短针。在第69针锁针里也钩1针短针，在短针反面的第2针。留下第2行先钩织好的短针的线头，整个钩织在一起（记号图示的 ⅹ）。在线端短针1针。

2 钩织主体。从开始钩织的短针3针的线头引拔针钩织，移动到挑起的位置。从底部的短针开始挑针，用线圈的往返编织（编织整一圈后改变编织方向）来编花样。调整第1～3行的菠萝与菠萝之间的空隙注意不要太大。挑起的位置用引拔针钩织移动。第38行请参照下方的编织符号图钩织。

3 接着编织缘编织a。第1行通过短针和3针锁针调整花样钩织的凹凸感。第2，3行是短针。

4 钩织手提部分。在指定位置里留下350cm再连线，从缘编织a的短针开始挑针，用长针在4处分别钩织30行。把中央部分的2根卷针接缝成1根。把两侧边剩下的线用缘编织钩完。

编织方法POINT

底部起针，短针钩织1行转到反面，包裹钩织1行。挑起菠萝花样和菠萝花样之间的部分，交替每一行的朝向钩织成线圈。

第38行和缘编织和手提部分的编织符号图

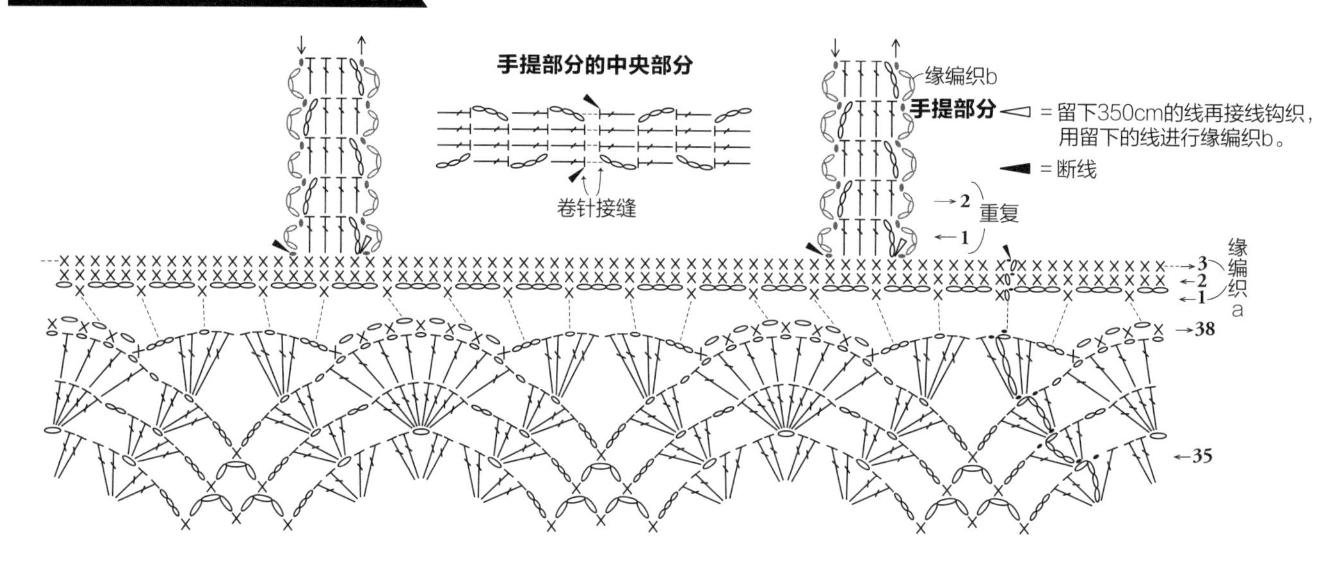

P.35 短针钩织的夏日包

难易度

- **材料** 中细人造丝 红色、原色…各60g
- **工具** 6/0号钩针，以及缝合针等
- **成品尺寸** 宽26cm 高26.5cm
- **针数(编织密度)** 短针编织…17针×18行/$10cm^2$

线的实物大小

编织方法

1 主体部分是红色线和原色线2根绕成钩织的。起45针锁针，从底部开始上下分开钩织。挑锁针的半针和里山钩短针。手提部分的打开位置钩织到第39行的12针为止。前一行的21针停针，起21针锁针，接着钩短针12针。

2 第40行钩织到12针为止，挑前一行的锁针的半针和里山短针钩织。接着钩织到第48行为止，卷针锁边留出50cm后断线。

3 在底部接线，挑开始的锁针半针，和上侧一样的要领钩织。

4 从底部开始向外折成两部分，两端各1针，每一行卷针锁边。

5 树叶和茎部的主题花样用2根原色线钩织。起11针锁针，钩织树叶的一边时挑锁针的半针和里山，钩另一边时挑锁针剩下的半针，在短针编织的起头针里钩引拔针作为叶脉。接着锁针钩织茎部，以及另一边的树叶。

6 果实的主题花样由红色线2根钩织。环形起针法钩织果实，缝合在树叶的连接根里。

制作图示

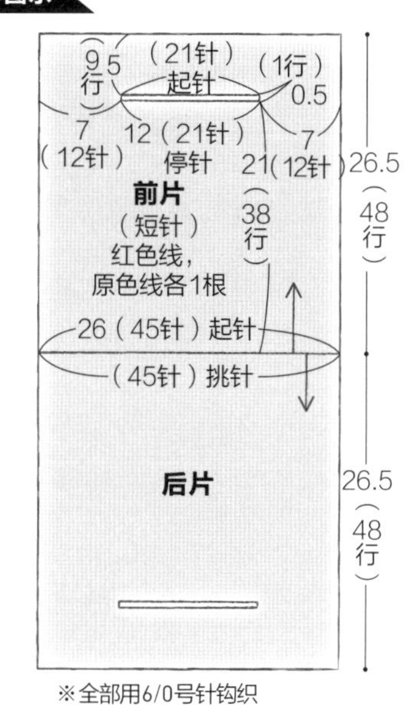

※全部用6/0号针钩织

卷针锁边

卷针接缝都是从
同一侧插入针抽出针

主体花样行连接方法

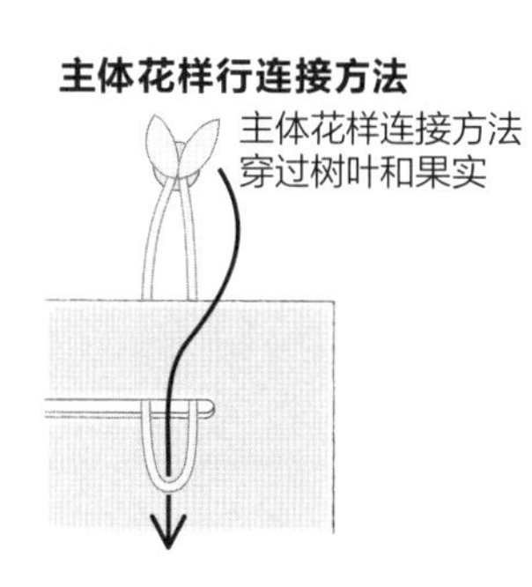

编织方法POINT

绕2根细长胶带状的线钩织。由于主体部分是用2种颜色的线钩织的，注意不要遗落其中一根。在底部起针对着开口的部分分开钩织，对折后两端用2色的线卷针锁边。

⬭ = 锁针　● = 引拔针　X = 短针
V = 短针1针分2针　Λ = 短针2针并1针

主要部分的编织符号图

留下50cm线断线（卷针接缝）

(48)9→ →9(48)
(44)5→ →5(44)
(40)1→ →1(40)
(39)1← ←1(39)
38→ →38
35← ←35
30→ →30
25← ←25
20→ →20
15← ←15
10→ →10
5← ←5
编织开始部分
1← ←1
1→ →1
接线
5→ →5

果实的编织符号图

果实
红色线2根

留下20cm线断线

❶ 填线（红色）

❷ 将钩织完成部分的6针对角缝合缩小系紧

❸ 缝合连接在树叶的根部里

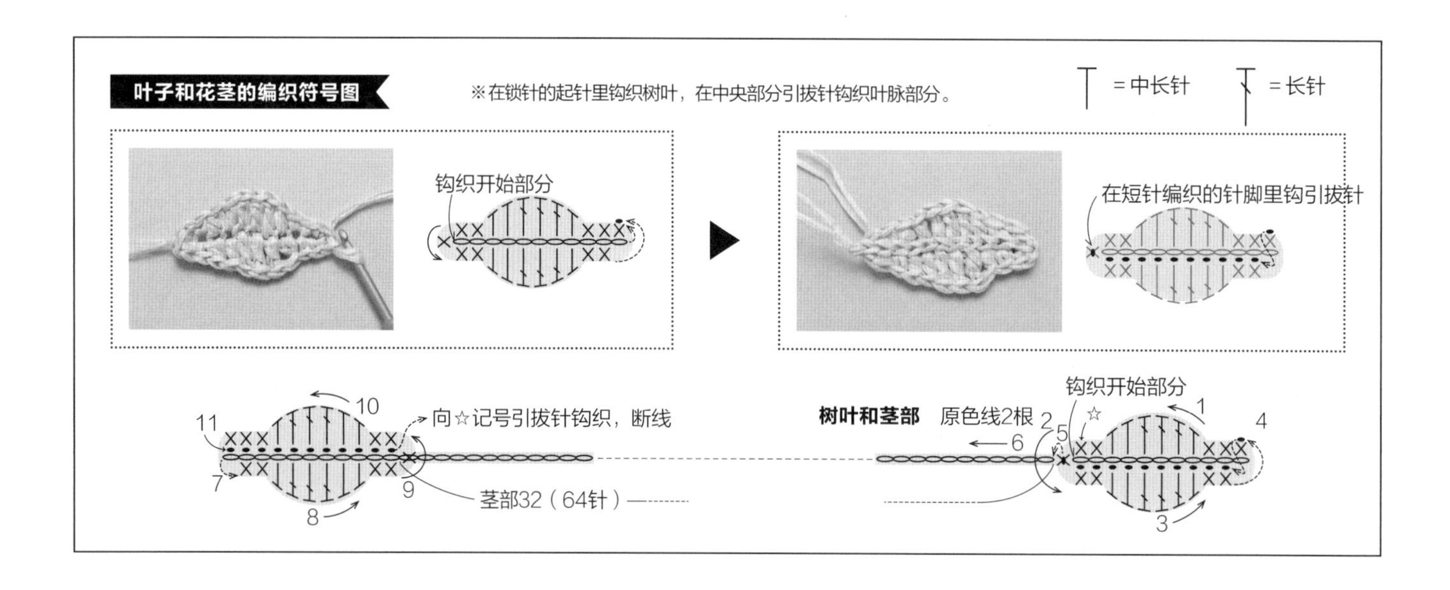

P.37 贝壳图案束身上衣

难易度

- **材料** 粗棉线 蓝色…270g
- **工具** 5/0号钩针、6/0号钩针，以及缝合针、记号扣等
- **成品尺寸** 胸围108cm 袖长27.5cm 长69cm
- **针数（编织密度）** 花样编织…27针×8行（5/0号）/10cm²
  24针×7.5行（6/0号）/10cm²

线的实物大小

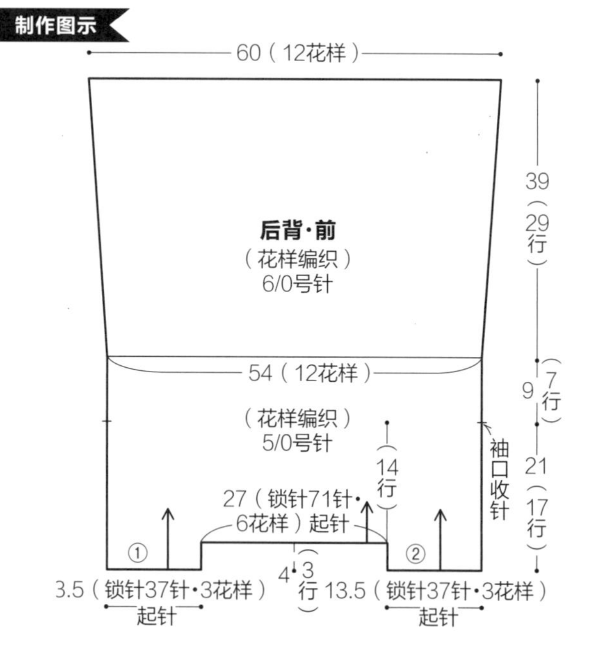

编织方法

前后一样的编织。

1 用5/0号钩针①的肩部起37针锁针，挑锁针的半针和里山开始花样编织。钩织到第3行收针。②的肩部也同样地钩织3行，接着钩织前领锁针71针。在收针的第3行挑起的锁针第3针里钩引拔针收针断线。收针的线钩织4行，前领的71针花样编织，钩织到反侧。用记号扣在袖口收针处做标记。从第25行开始换成6/0号钩针编织。最后的一行钩锁针3针的狗牙拉针。

2 钩织肩部时，在内里部分用锁针钩织然后引拔缝合，袖片从袖窿开始向下钩织，钩锁针然后引拔接合。

3 前领在背部右侧的指定位置，袖口收针里接线，用5/0号钩针缘编织。

编织符号图

肩部连接

钩织开始部分

肩部连接

缘编织

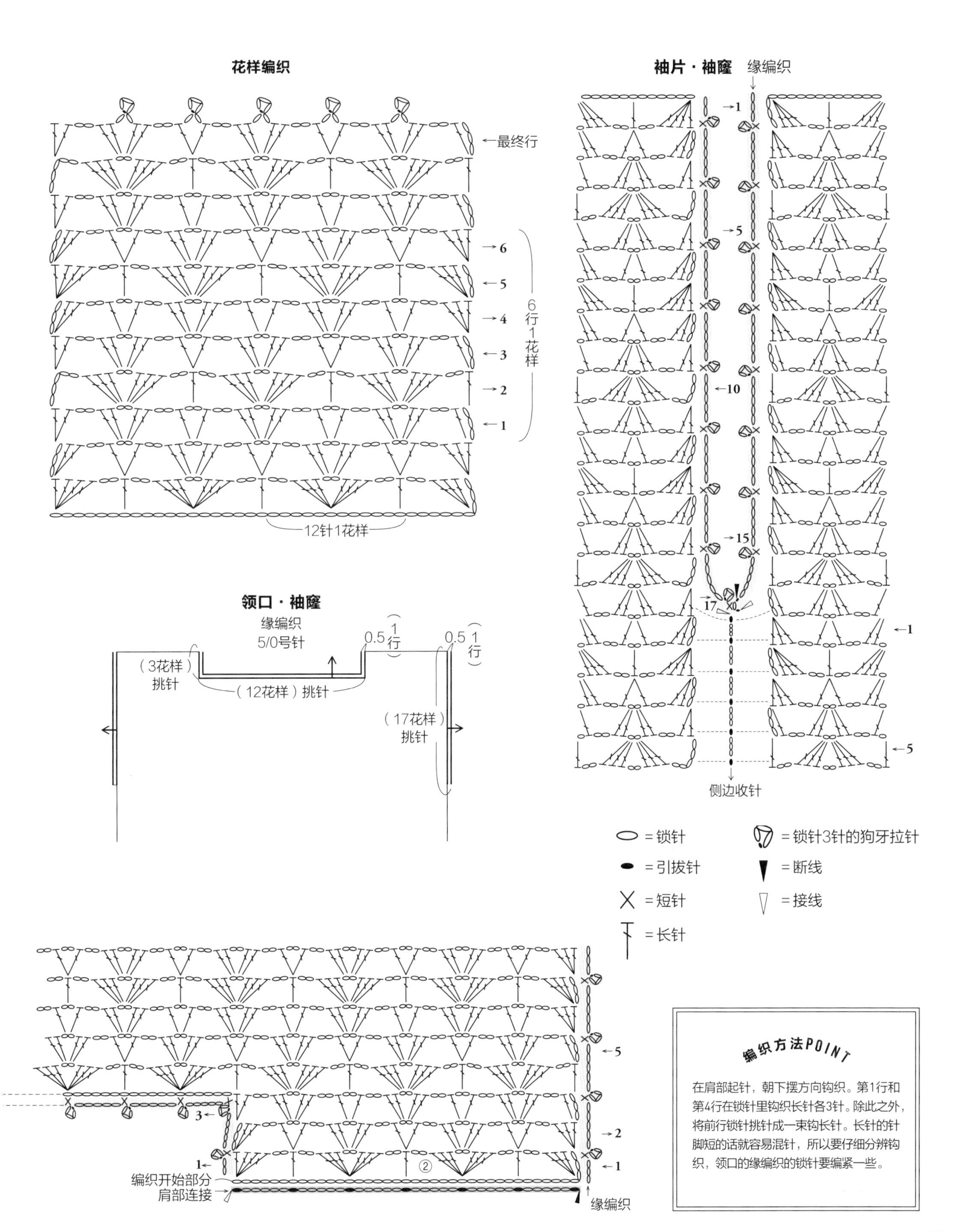

编织方法POINT

在肩部起针，朝下摆方向钩织。第1行和第4行在锁针里钩织长针各3针。除此之外，将前行锁针挑针成一束钩长针。长针的针脚短的话就容易混针，所以要仔细分辨钩织，领口的缘编织的锁针要编紧一些。

P.39
灯笼袖
雏菊花样针织衫

难易度

●**材料** 粗亚麻线
灰粉色…130g
●**工具** 6号带头棒针2根、3号带头棒针2根、3/0号钩针，以及粗棉线（起针用）、缝合针、记号扣等
●**成品尺寸** 袖长53cm 长59cm
●**针数（编织密度）** 花样编织…21针×27行/10cm²

编织方法POINT

主体部分编织完成后，袖口挑针之前铺开熨烫平整，整理是关键。袖口是皱褶的，所以松开锁针起针后挑针然后减针编织。

线的实物大小

编织方法

1 编织主体部分。用3/0号钩针用别线起针法钩织122针（从后面松开起针），钩织完成后，用6/0号棒针挑锁针的半针开始钩织。花样编织时，从两端开始钩织3针上针。请参照制作图示，镂空针收针处用记号扣做标记。

2 在编织袖窿前，把整块编织物铺平熨烫，好好整理。袖窿的第1行里用3号棒针将两端的缝合处每一处留1针，左上2针并1针减针编织。重复第2行“上针的左上2针并1针，上针4针（实际上编织的是下针的左上2针并1针和下针）”的编织，全部共计52针。用起伏针编织到第31行为止，编织完成部分从内侧开始用3/0号钩针引拔针收针。

3 另一部分的袖口，一边松开起针的锁针一边将针移至3号棒针上。接线，用和步骤**2**同样的方法，在第1行，第2行一边减针编织一边起伏针编织，用3/0号钩针收针。

4 用缝合针将袖子以下部分缝合，内侧线端1针缝合。

5 从外面将全身的空缺位置用3/0号钩针缘编织1行整理。

主体部分·袖口的制作图示

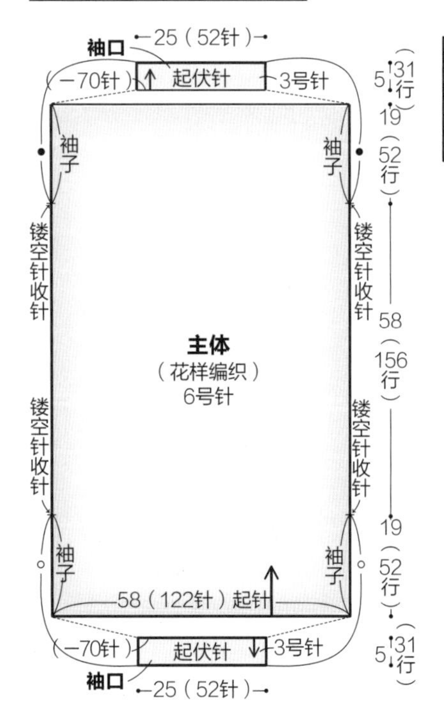

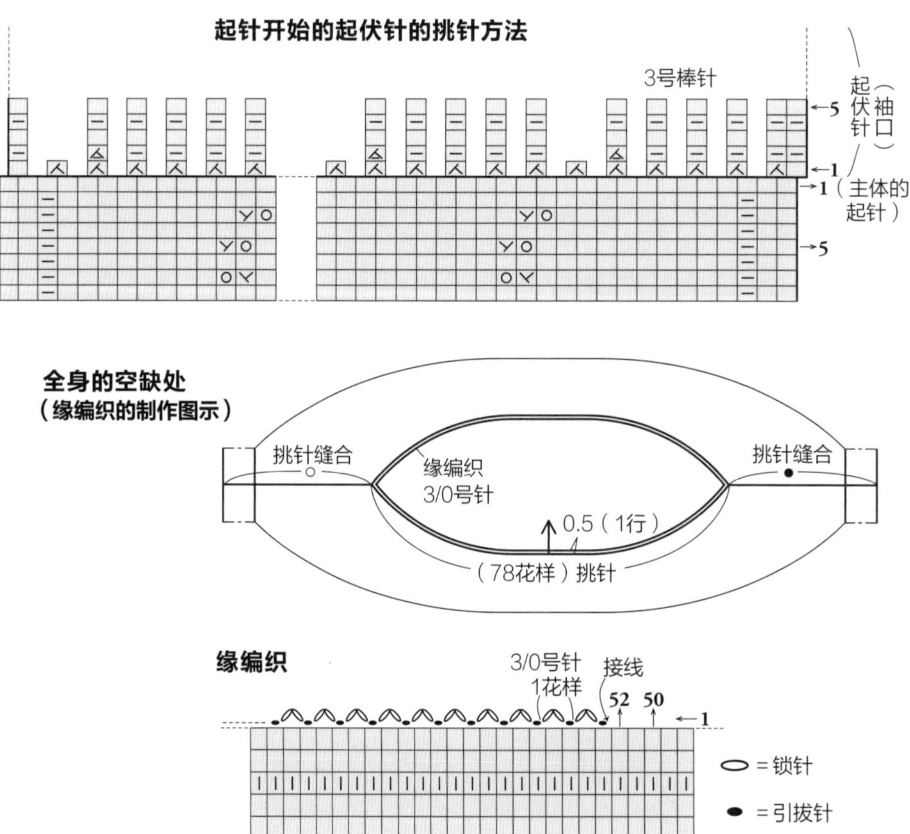

主体部分·袖口的编织符号图

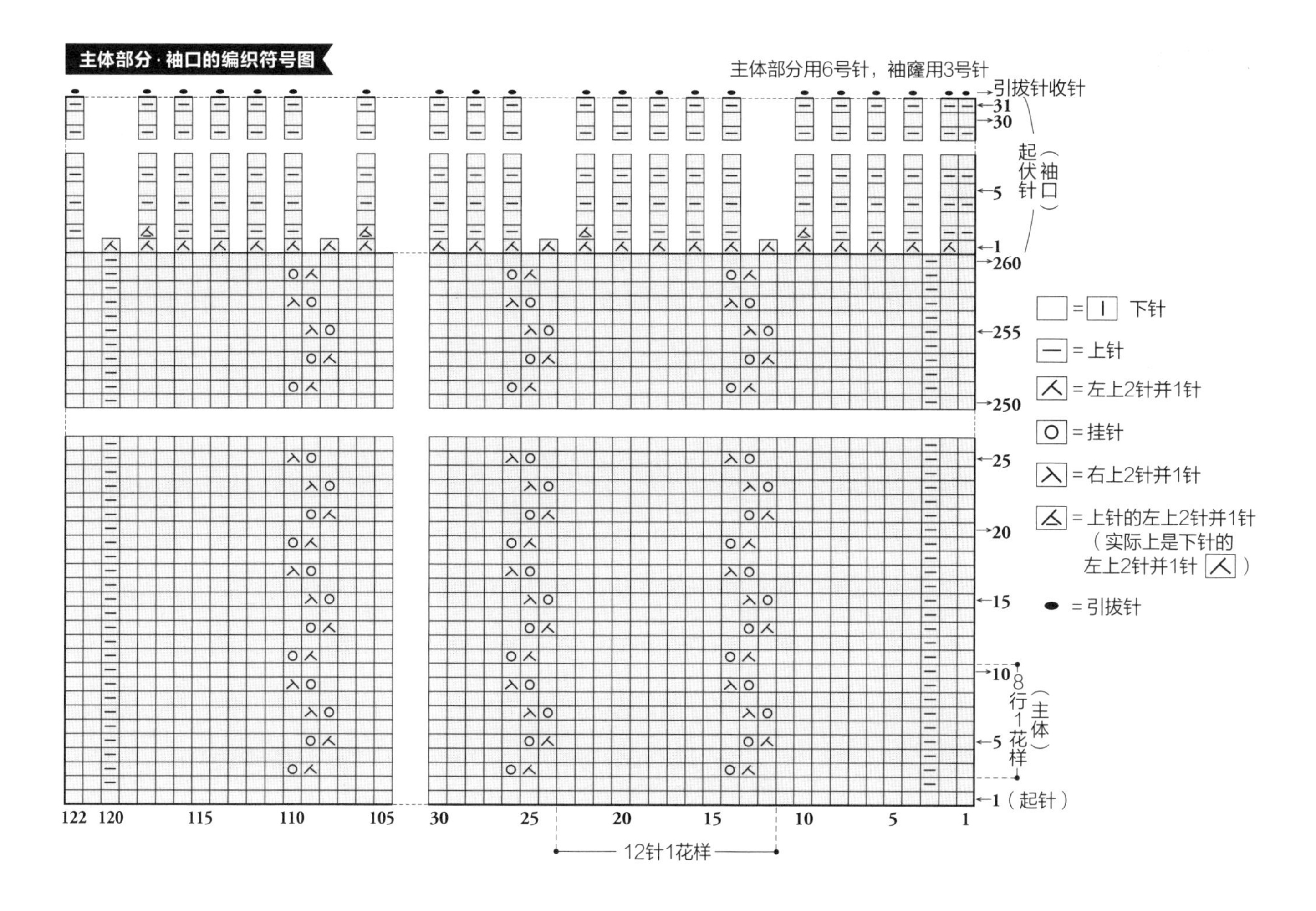

P.41
双色罩衫

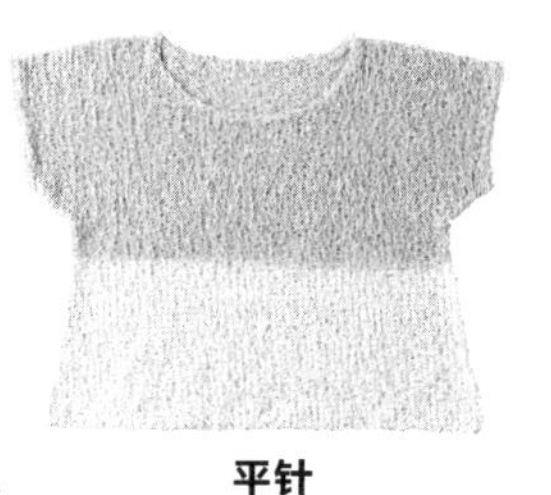
平针

平针反面

线的实物大小

难易度

● **材料** 粗变色线
浅蓝色…125g、白色…85g

● **工具** 8号带头棒针2根（主体用）、6号棒针4根（领子、袖口用）、6/0号钩针（引拔接合用）、5/0号钩针（引拔收针用），以及9号带头棒针1根（起针用）、中细棉线白色、浅蓝色（侧面的缝合线）、缝合针、记号扣等

● **成品尺寸** 胸围96cm
袖长30.5cm 长50.5cm

● **针数（编织密度）** 平针…16针×25行/10cm²

编织方法

1 编织后背。用白色的线，一般起针法起针83针（9号棒针1根），再换成8号棒针从下摆开始编织起伏针4行。接着编织平针，将侧面从内侧线端1针减针编织。用白色的线编织到第52行为止，换成浅蓝色线。编织到第60行为止，将侧面从内侧线端1针镂空针，到下一行扭针编织（镂空针，扭针都要左右对称）。中央部分和左领里穿过别线停针，右领收针，拉线端1针减针编织，编织完成部分停针。在中央停针的线端里连线收针，编织左领。

2 编织整个前身。和整个背部一样的编织方法。

3 收尾。肩部配合翻面折起来的里儿整理，用6/0号钩针引拔针钉缝。用6号棒针4根，领子（圈织），袖窿（片织）挑针编织起伏针。用5/0号钩针在编织完成部分从内侧引拔针收针。侧边，用棉直线（共线有线节缝合后不够美观整齐），缝合针，朝向袖子下摆方向继续挑针缝合。

制作图示

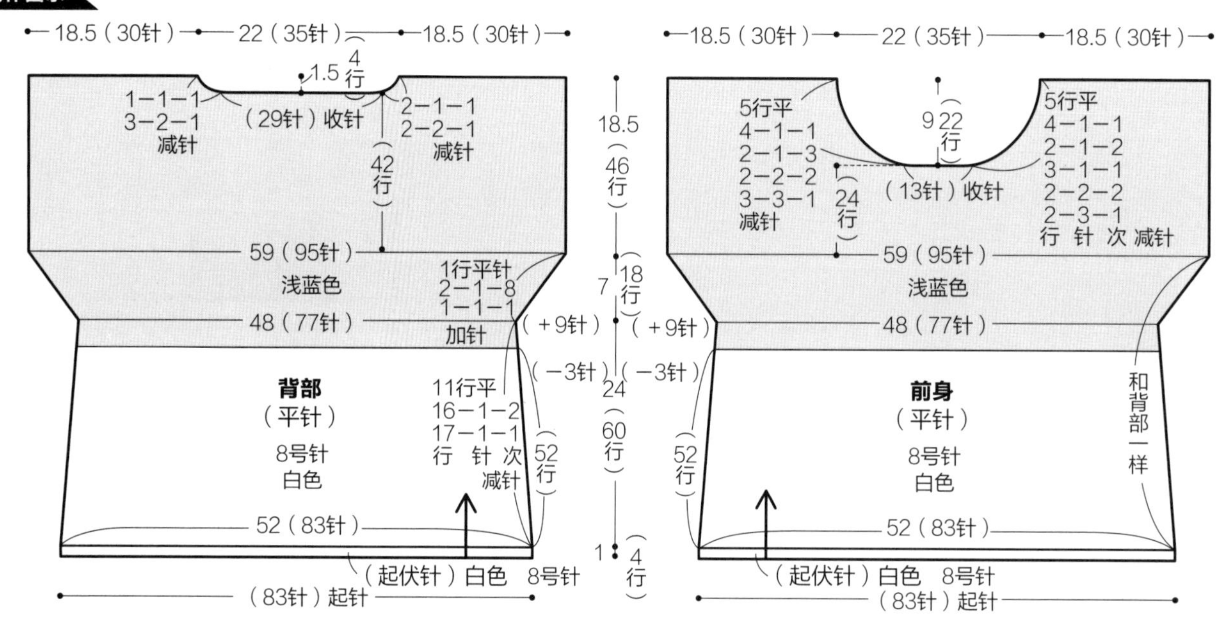

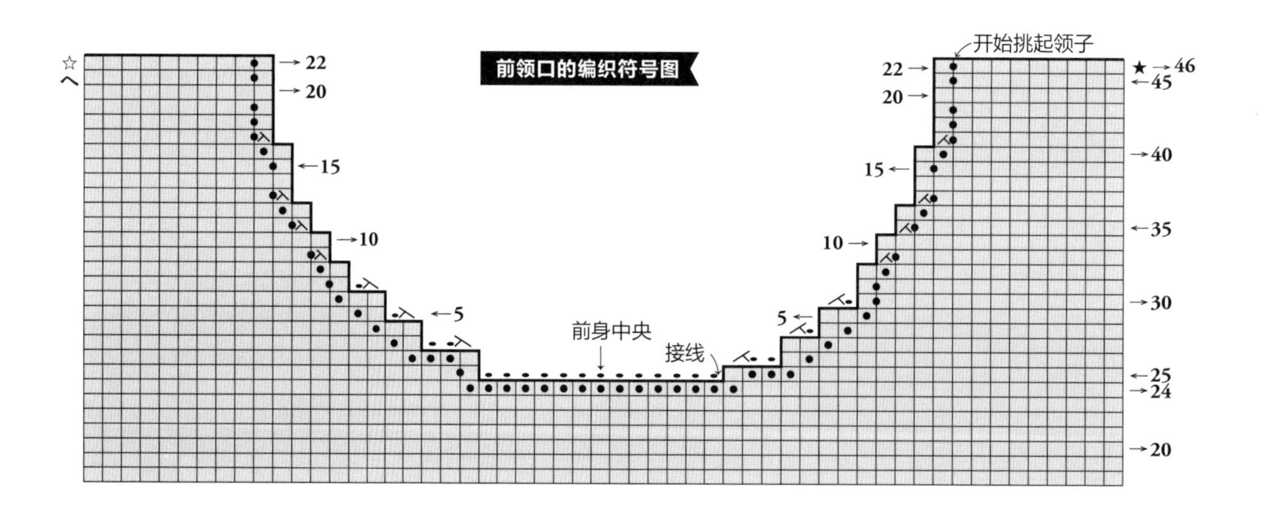

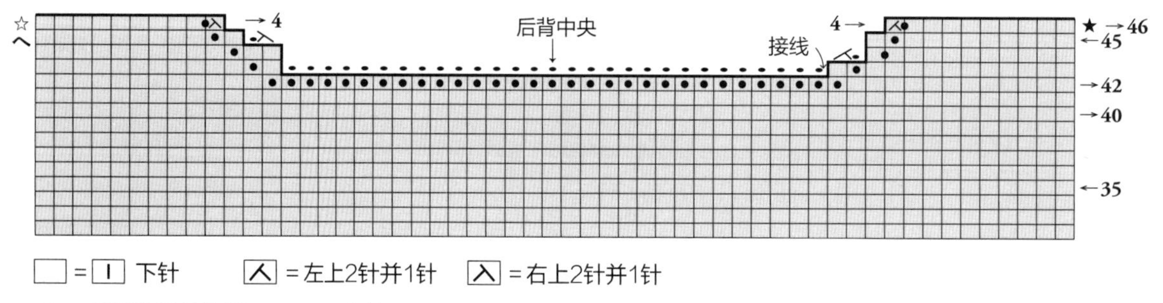

□ = Ⅰ 下针　　入 = 左上2针并1针　　入 = 右上2针并1针

● = 领口的挑针位置　　● = 收针

身体部分（腋下·袖下·袖网）的编织符号图

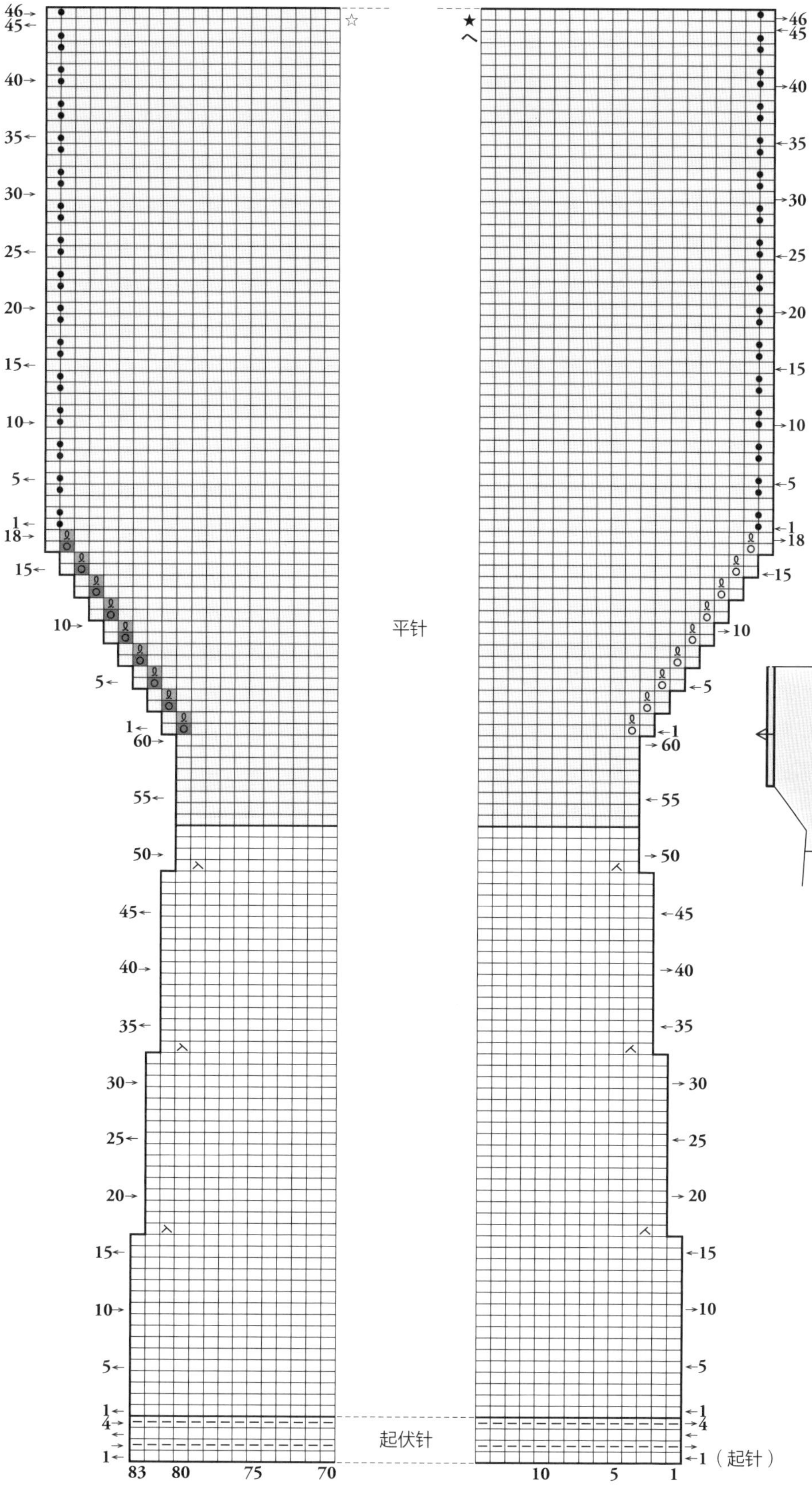
平针
起伏针
（起针）
83 80 75 70
10 5 1

— = 上针

O = 镂空针

ℓ = 扭针

● = 袖窿的挑针位置

ℓ/O = 编织镂空针时，将编织线从手跟前挂到对面那一侧。编织扭针时先将编织线放置于手跟前侧，在左针内侧的编织线上从左至右插入钩针来编织上针。

ℓ/O（灰底）= 编织镂空针时，将编织线从对面侧挂到手跟前那一侧。编织扭针时先将编织线放置于手跟前侧，在左针的手跟前侧的编织线上从右至左插入钩针来编织上针。

领口、袖窿

浅蓝色（起伏针）6号针

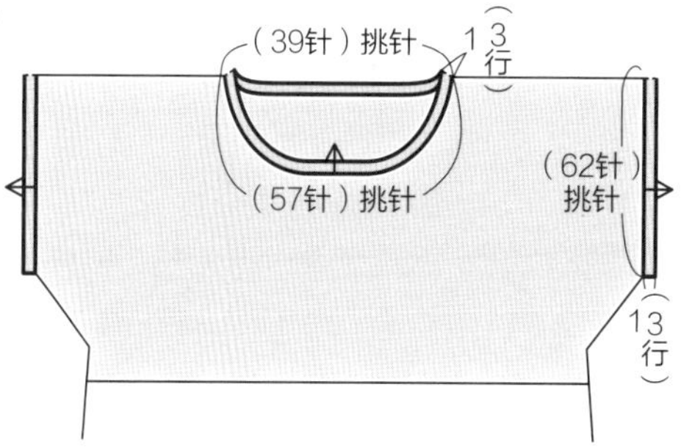
（39针）挑针
1（3行）
（57针）挑针
（62针）挑针
1（3行）

起伏针

领口

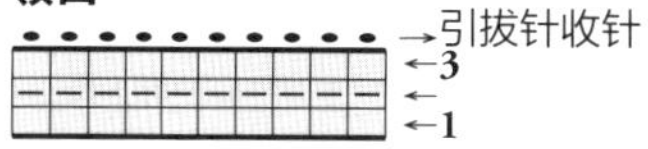
引拔针收针
3
1

袖窿

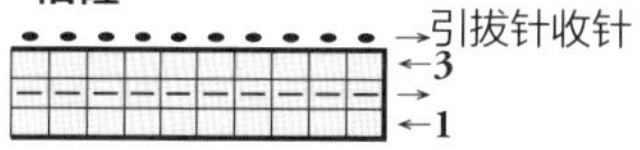
引拔针收针
3
1

● = 引拔针收针

编织方法POINT

圈圈线是一种线圈状的卷线，有的粗有的细，粗细线的对比特别有趣，用粗针编织。为了可以两面穿着，在两端交替的线用同一种颜色。

P.42 短针钩织的帽子

难易度 ●●

- **材料** 中粗的人造线 柠檬黄色…130g
  绝缘线（芯材）100cm 连接用的管5cm
- **工具** 5/0号钩针，
  以及缝合针、记号扣等
- **成品尺寸** 绕头一周55cm
- **针数（编织密度）** 短针编织…19针×21行/10cm²

线的实物大小

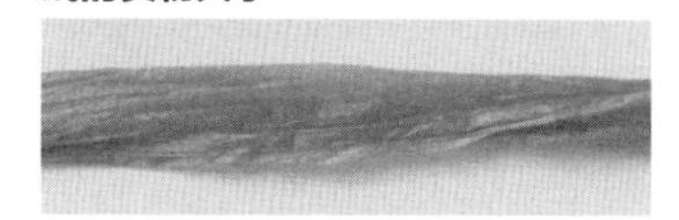

编织方法

1 从帽顶中心部分开始绕线作环起针。用5/0号钩针在第1行线圈里钩1针锁针，8针短针。拉起线端系紧线圈，在第1行里引拔。第2行钩1针起立针，在前行的1针里钩短针1针分2针，第3行重复“短针1针分2针，短针1针”。之后，请参照编织符号图编到第12行为止。针数为72针。在第12行里放上记号扣便于记忆。

2 编织侧面时，加针钩织到第13行为止，第14行以后不加针一直编织到第24行。

3 编织帽檐时，加针编织到15行为止，在第18行里加入绝缘线。绝缘线的最开始部分和尾端重合5cm穿过管筒，包裹着钩织。钩织完成部分用连接锁针链收尾。

4 锁针钩织蝴蝶结，编170cm。穿过蝴蝶结的线端留长10cm锁针3针钩织2根。穿过蝴蝶结时，反面作为正面，在内侧抽出线端打结。穿过蝴蝶结的线绕蝴蝶结两次。两端打结，在后面中间系出蝴蝶结。

制作图示

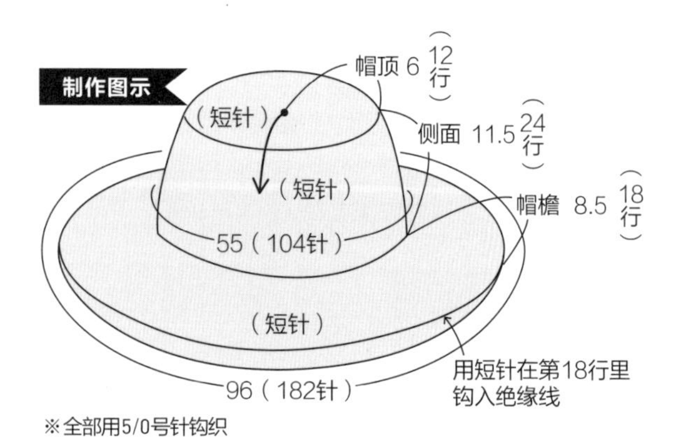

※全部用5/0号针钩织

编织方法POINT

从帽顶的中心向外看，是用短针加针钩织而成的。按照制作图示钩织侧边，一边测量各部分的针数一边钩织是关键。注意不需要加针的行不要钩织得太紧。

蝴蝶结（锁针钩织）

170

把卷起的位置作为后面中间部分

穿过蝴蝶结（锁针钩织）

把反面作为正面使用

留线10cm

（2行）

（1行）

（25针）

给蝴蝶结的线端打一个节

部分	行	针数	加针
帽檐	18	182针	
	17	182针	
	16	182针	
	15	182针	+13针（放12针）
	14	169针	
	13	169针	
	12	169针	
	11	169针	+13针（放11针）
	10	156针	
	9	156针	
	8	156针	+13针（放10针）
	7	143针	
	6	143针	
	5	143针	+13针（放9针）
	4	130针	
	3	130针	+13针（放8针）
	2	117针	
	1	117针	+13针（放7针）
侧面	24～14	104针	
	13	104针	+4针（放24针）
	12	100针	
	11	100针	
	10	100针	
	9	100针	+4针（放23针）
	8	96针	
	7	96针	
	6	96针	
	5	96针	+8针（放10针）
	4	88针	
	3	88针	+8针（放9针）
	2	80针	
	1	80针	+8针（放8针）
帽顶	12	72针	
	11	72针	+8针（放7针）
	10	64针	+8针（放6针）
	9	56针	+8针（放5针）
	8	48针	
	7	48针	+8针（放4针）
	6	40针	+8针（放3针）
	5	32针	+8针（放2针）
	4	24针	
	3	24针	+8针（放1针）
	2	16针	+8针
	1	8针	
	钩织开始	线圈	

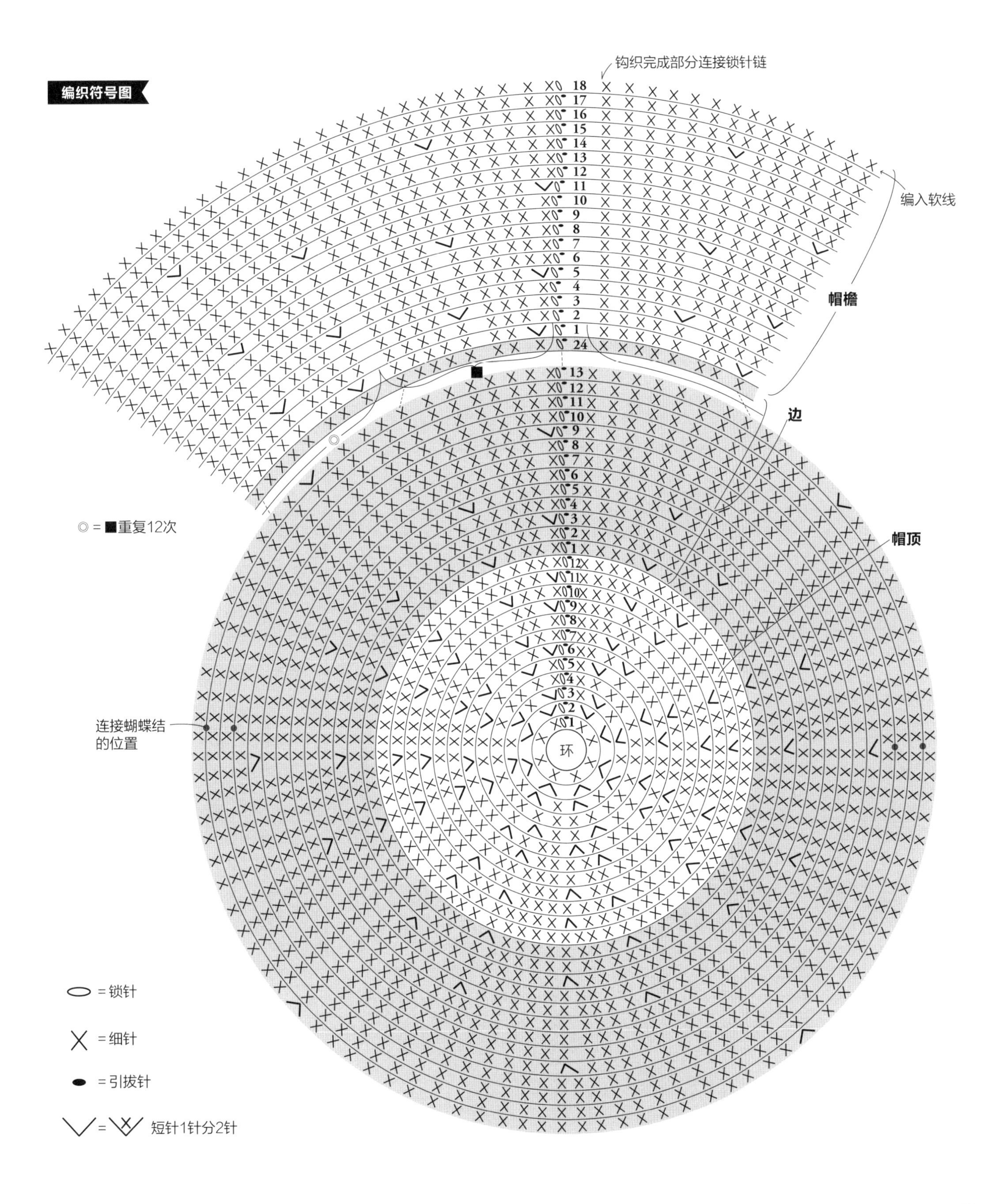
编织符号图
钩织完成部分连接锁针链
编入软线
帽檐
边
帽顶
◎ = ■重复12次
连接蝴蝶结的位置
环
= 锁针
= 细针
= 引拔针
= 短针1针分2针

P.44
菠萝花长披肩

难易度 ●●

- **材料** 中细棉线 黄色…100g
- **工具** 4/0号钩针，以及缝合针等
- **成品尺寸** 宽17.5cm 长143cm
- **针数（编织密度）** 花样编织A…宽8×10cm/12行 花样编织B…8花样×12行/10cm²

线的实物大小

编织方法

1 起39针锁针，挑锁针的半针和里山，右侧钩织花样编织A，左侧钩织花样编织B。

2 第2行以后的花样编织，不要将针插入前一行的锁针里，而是在锁针的空间里插入钩针，将锁针成束挑起后钩织。

3 第171行，编织花样A以后也用同样的方法编织花样B的图案。缘编织是从行开始挑短针的2根针头，在起针的锁针空间里将锁针成束挑起，再短针编织。

4 钩织完成3针锁针的狗牙拉针后，在起针那端的锁针里引拔出。

编织符号图

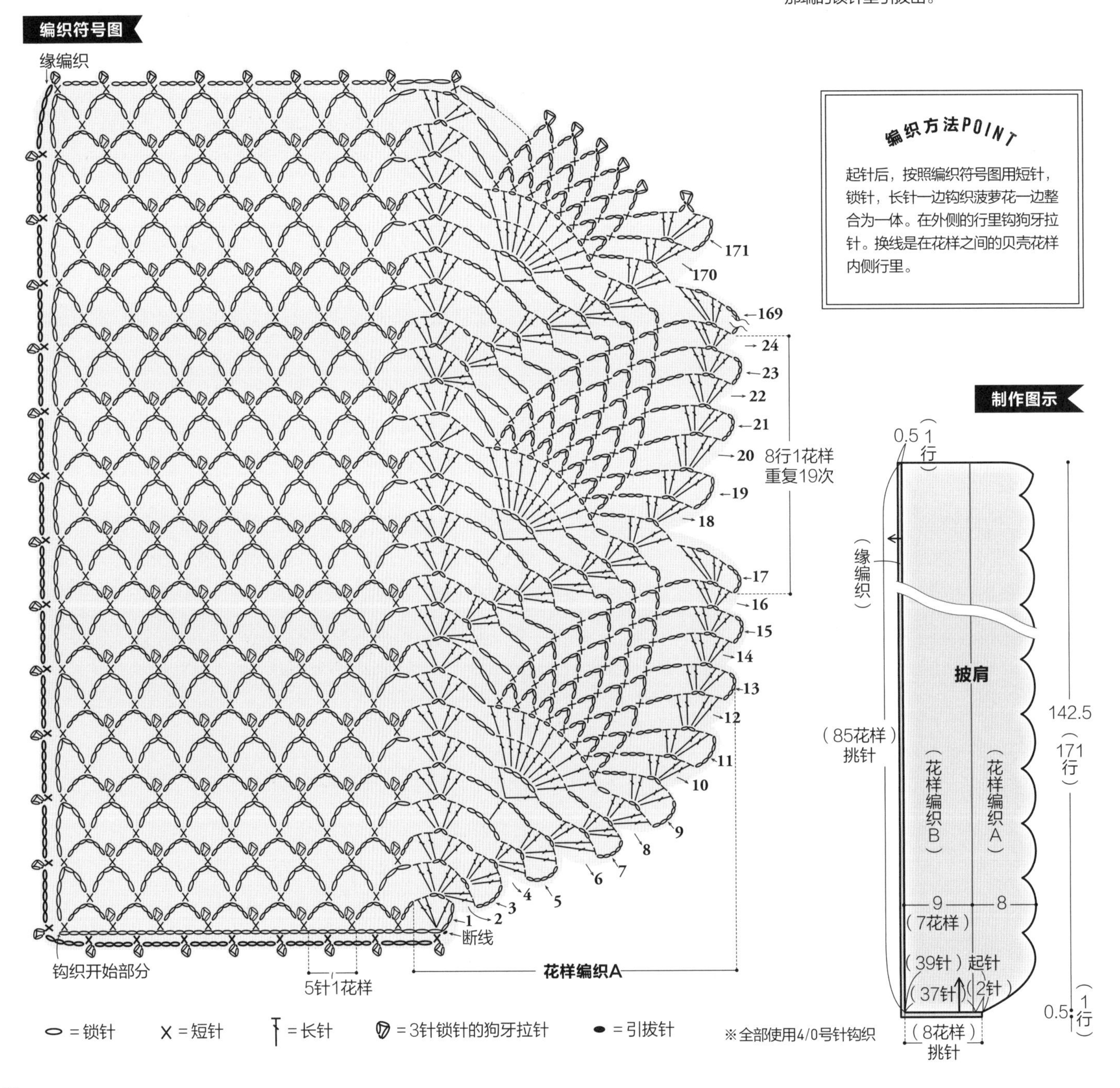

编织方法POINT

起针后，按照编织符号图用短针，锁针，长针一边钩织菠萝花一边整合为一体。在外侧的行里钩狗牙拉针。换线是在花样之间的贝壳花样内侧行里。

P.45
菠萝花
高雅长披肩

难易度

- **●材料** 中细丝线 青瓷色…95g
- **●工具** 3/0号钩针，以及缝合针等
- **●成品尺寸** 宽26cm 长118.5cm
- **●针数（编织密度）** 花样编织B…1花样＝横向5cm×纵向14cm

线的实物大小

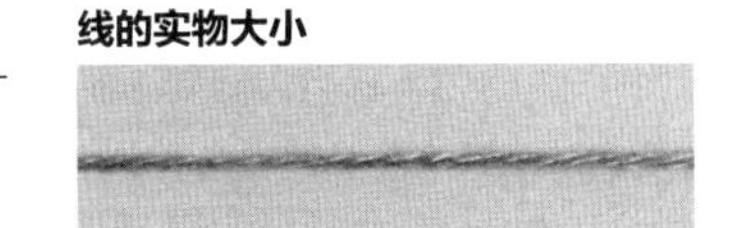

编织符号图

编织方法

1 在中间部分起85针锁针，分为上下两个方向编织。挑锁针的半针和里山按照花样钩织A编5行。在第2行以后不要将针插入前一行锁针里，将钩针插入锁针之间的空间里，将锁针成束挑起后钩织。换成花样编织B钩到第65行为止。钩织完成部分停针不断线。

2 在反面侧接线，将钩织开始的锁针成束挑起后钩织，花样编织A的4行之后和花样编织B一样的要领编织。

3 接着在行的线端里进行缘编织。

4 之前钩织完成的一侧也停针后进行缘编织。

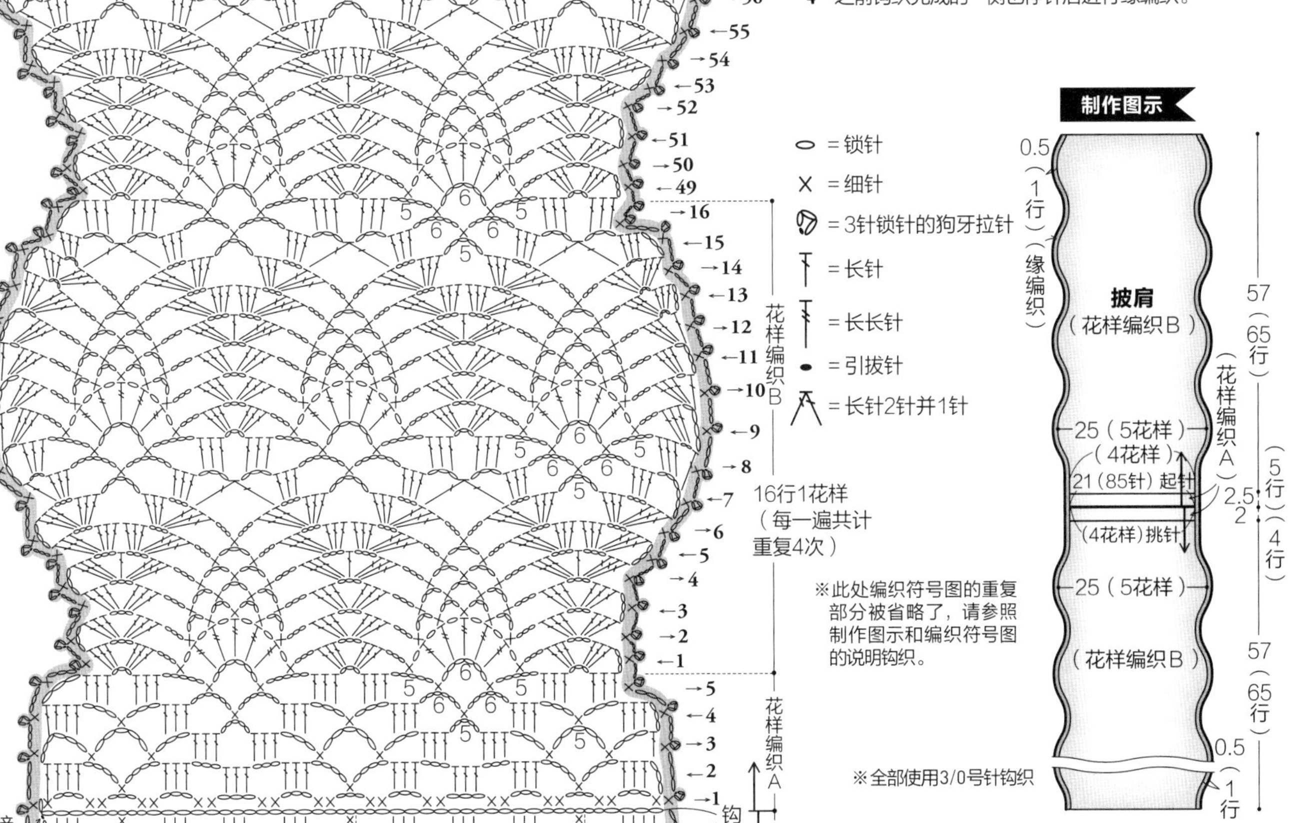

※此处编织符号图的重复部分被省略了，请参照制作图示和编织符号图的说明钩织。

※全部使用3/0号钩针钩织

编织方法POINT

为了使菠萝花从两边看是扇贝形状，故而从披肩的中间部分开始钩织。锁针起针挑针编织一边，第2行最后的长针，编入起针锁针的第1针里，使上下美观整齐对称。

P.46
方块花样披肩

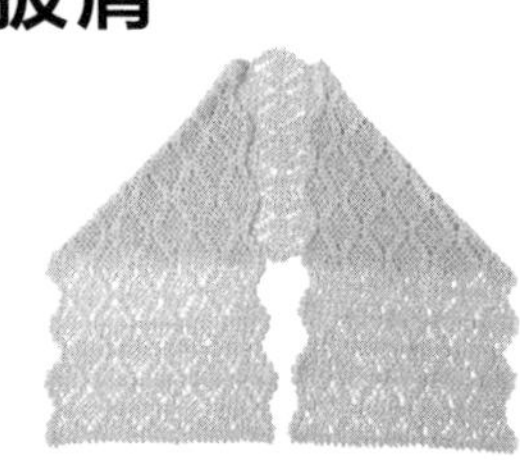

难易度

●**材料** 细丝线 带有金银线的原色线…145g

●**工具** 4/0号钩针，以及缝合针等

●**成品尺寸** 宽35cm 长128.5cm

●**针数（编织密度）** 花样编织 1花样…24针＝7cm、12行＝9cm

线的实物大小

编织方法

1 起117针锁针，第1行是挑锁针的半针和里山钩织。第2行以后的花样编织时，不要将针插入前一行的锁针里，而是将钩针插入锁针的空间里，将锁针成束挑起后钩织。换线时从线端的第2针开始。

2 编到第168行后，接着缘编织A。

3 起针侧里接线，钩织缘编织B。

编织符号图

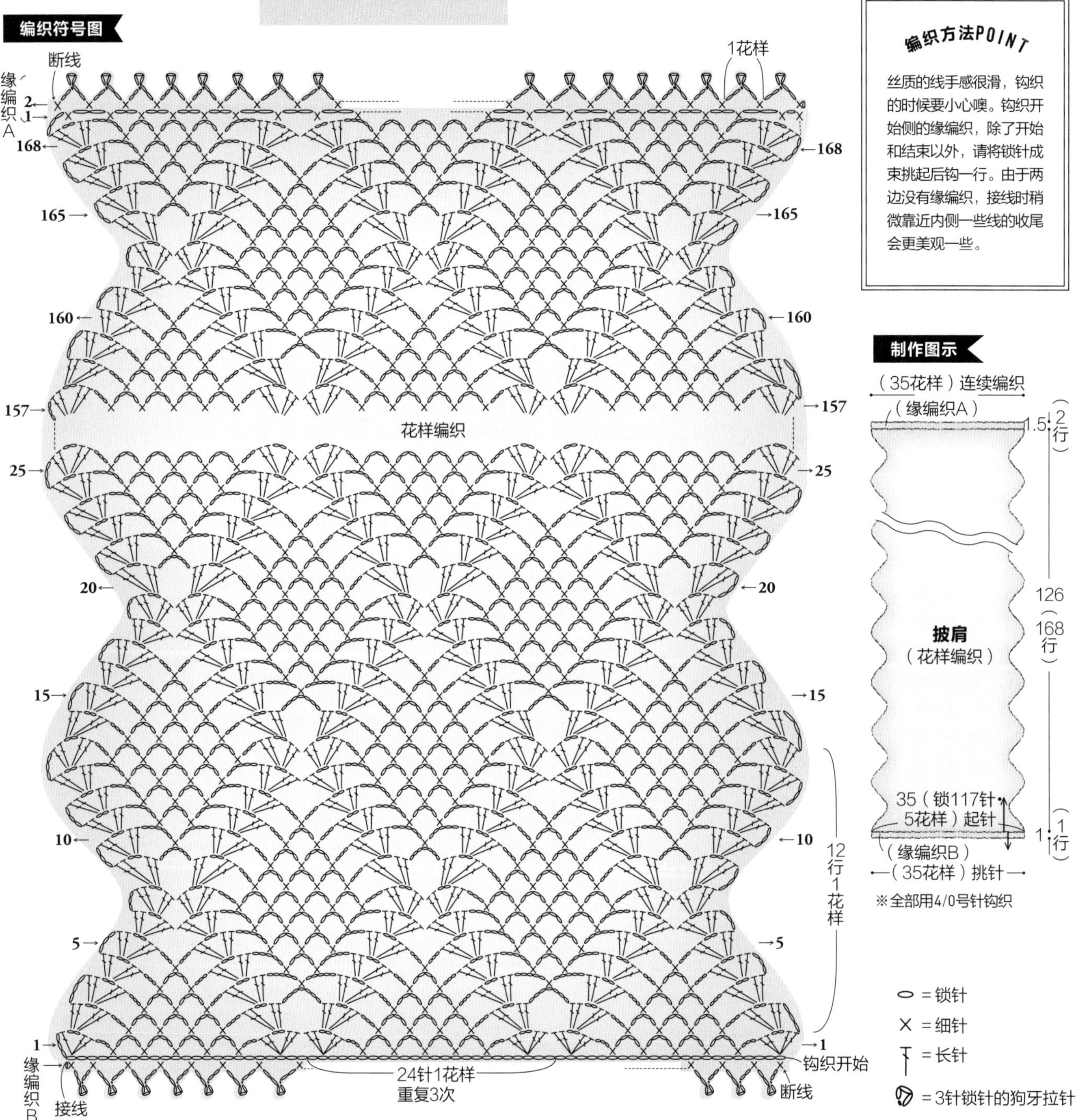

P.47
斜纹花样围巾

难易度

●**材料** 粗棉线 淡绿色…100g

●**工具** 4号带头棒针2根、3/0号钩针（引拔收针用），以及5号带头棒针1根（起针用）、缝合针等

●**成品尺寸** 宽20cm 长110cm

●**针数（编织密度）** 花样编织…33针×28行/10cm^2

编织方法

1 一般起针法起针67针（5号棒针1根）。换成4号棒针将第2行全针上针（实际上编织下针）编织。第3行以后请参照编织符号图进行花样编织。由于花样编织的特性编织肌理由上至下呈现波浪状。

2 织到第307行为止，编织完成部分用3号钩针引拔针收针。

线的实物大小

编织方法POINT

按照编织符号图编织的话，上下的线端自然而然地呈现波浪花样。只是重复2行而已，一旦记住方法，哪怕中途停止编织，也能很快重新开始编织，是十分简单又有效果的花样。注意编织完成部分的引拔收针不要太紧。

制作图示

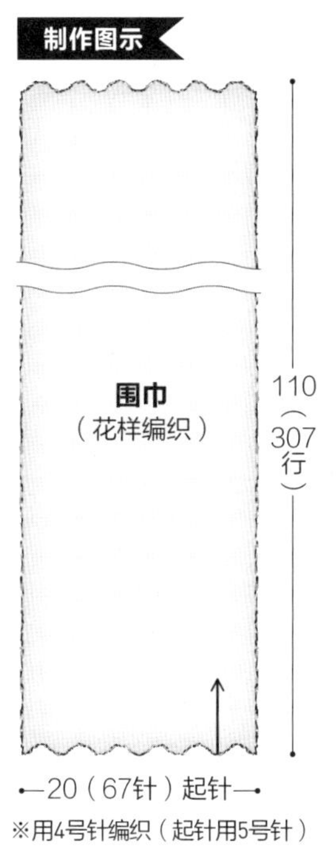

※用4号针编织（起针用5号针）

编织符号图

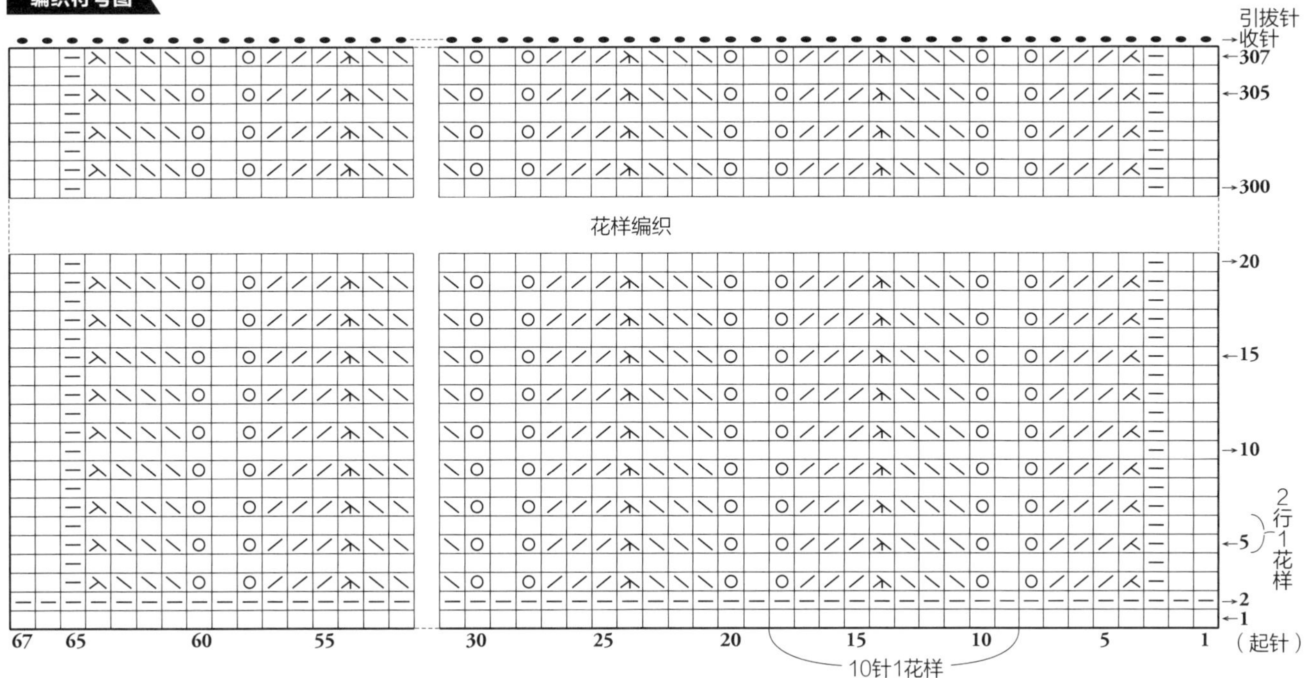

□ = ｜ 下针　— = 上针　人 = 左上2针并1针　／ = 右靠针（编织下针）　O = 镂空针　＼ = 左靠针（编织下针）

入 = 右上3针并1针　入 = 右上2针并1针　● = 引拔针收针

编织工具介绍

整理了工具、线材、编织密度、尺寸的调整方法等基础知识。

工具

棒针

棒针编织的工具。棒针有竹制和塑料以及金属等材质，大小为0～15号，稍微粗一些的为7～30mm。数字越大表示棒针越粗。为了防止线脱针，一般的棒针都设计为一头有小球状阻挡物，另一头没有的式样。并且，小号短棒针编织小型物件特别便利。环形编织和编织易漏针的物件时，推荐使用塑料丝或钢丝连接2根棒针的环针。

钩针

钩针编织的工具。有竹制和塑料以及金属等材质，大小为2/0～10/0号，7mm，8mm等。数字越大表示钩针越粗。钩针的形状一般是一端有钩头，也有两端都有钩头的钩针。

缝合针

线头线尾打结时，固定或缝合时使用。形状和缝纫针一样，但为了方便毛线穿过，特意将针孔做大；为了避免线被针头割断，特意将针头做成了圆形。

麻花针

麻花针等用在交叉编织时，或在需要事后移动针时使用。

记号扣

加针、减针、织入花样时使用，关键时在针上做记号便一目了然了。

棒针帽

套在棒针一头，防止脱针脱线。

线材

编织线有羊毛线、棉线、化纤线、混纺线等，根据线的粗细有极细、细、中细、粗、中粗、极粗等分类。如果找不到与作品相同材质和相同粗细的，就尽量选择材质和粗细接近的线。本书所使用的所有线材都记载在第95页。

针和线的平衡

为了作品的整体美观，选择与线的粗细相匹配的针来编织非常重要。对于线的粗细来说，针太细的话，编织物的编织密度过密，会欠缺伸缩性，还会变得很重。反之，针太粗的话，可能会导致编织物松松垮垮容易变形。选择与线粗细匹配的针来编织，能做出理想的效果。

编织密度

编织密度表示针脚的大小，在边长为10cm的正方形范围内，织入多少针多少行的数值。如果针数不吻合，最后的编织物要么过大，要么过小。由于编织物会随着编织者的手法不同而密度不一致，比作品里记载的指定针数、行数多的情况下，换大一号的针；少的情况下换小一号的针进行调整。棒针、钩针都是一样。

尺寸的调整方法

书中作品的型号是成人女士的大小。书中所有的成品大小都有记录，请参照编织。考虑改变大小的情况下，没有加针减针变化的作品，请增加或减少行数来进行调整。

P.16 「主题花样盖膝毯」配色表

顺序	第1行	第2行	第3行	第4行
① ㊽	冰绿色	绿色	蓝色	浅蓝色
② ㊶	橙红色	嫩草色	深粉色	深红色
③	橙红色	柠檬黄色	黄绿色	青绿色
④ ㊸	深红色	桃红色	橙红色	深红色
⑤	黄绿色	嫩草色	浅米色	蓝色
⑥ ㊺	绯红色	淡粉色	柿子色	嫩草色
⑦ ㊻	浅蓝色	淡蓝色	黄绿色	薄荷绿色
⑧ ㊼	黄色	粉色	绯红色	橙色
⑨ ㊿56	深红色	桃红色	柠檬黄色	橙色
⑩ ㊾	茶绿色	黄色	青绿色	淡蓝色
⑪	粉色	淡粉色	淡黄色	红色
⑫ 51	蓝色	冰绿色	柠檬黄色	淡蓝色
⑬ 52	淡粉色	橙红色	绯红色	粉色
⑭ 53	薄荷绿色	茶绿色	绿色	淡绿色
⑮ 54	粉色	绯红色	淡黄色	淡粉色
⑯ 55	淡绿色	薄荷绿色	青绿色	冰绿色
⑰ 64	青绿色	冰绿色	嫩草色	茶绿色
⑱	橙红色	红色	淡米色	深红色
⑲ 58	嫩草色	浅蓝色	淡蓝色	蓝色
⑳	薄荷绿色	黄色	橙红色	深红色
㉑	蓝色	淡蓝色	嫩草色	黄绿色
㉒	橙红色	柠檬黄色	深红色	深粉色
㉓	冰绿色	青绿色	茶绿色	淡蓝色
㉔	淡黄色	深粉色	桃红色	红色
㉕	桃红色	黄色	淡粉色	绯红色
㉖ 65	淡蓝色	淡绿色	薄荷绿色	柠檬黄色
㉗ 66	橙色	淡黄色	红色	橙红色
㉘ 67	黄绿色	浅蓝色	茶绿色	淡绿色
㉙ 61	红色	绯红色	淡粉色	深粉色
㉚ ㊷	绿色	淡蓝色	黄色	青绿色
㉛ 70	柿子色	深粉色	粉色	桃红色
㉜ 71	橙色	黄色	浅蓝色	绿色
㉝	青绿色	茶绿色	黄色	黄绿色
㉞	淡黄色	冰绿色	柿子色	浅蓝色
㉟	绯红色	茶绿色	淡黄色	绿色
㊱	橙色	黄色	粉色	绯红色
㊲	淡米色	绿色	浅蓝色	浅淡蓝色
㊳ ㊿	柠檬黄色	淡黄色	橙色	柿子色
㊴ 60	浅淡蓝色	淡绿色	淡黄色	黄绿色
㊵ 59	桃红色	黄色	柿子色	红色
㊹	黄色	橙色	薄荷绿色	蓝色
57	淡米色	红色	淡蓝色	淡米色
62	茶绿色	嫩草色	冰绿色	绿色
63	淡黄色	冰绿色	桃红色	柿子色
68	淡蓝色	浅淡蓝色	嫩草色	橙红色
69	红色	黄绿色	薄荷绿色	蓝色
72	黄色	淡粉色	粉色	深粉色

基础技法

收录了本书所使用的编织符号
以及该符号对应的编织方法。

棒针编织

起针

一般起针法

1

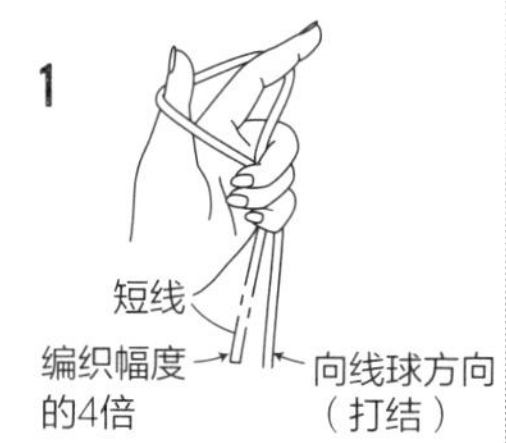

2

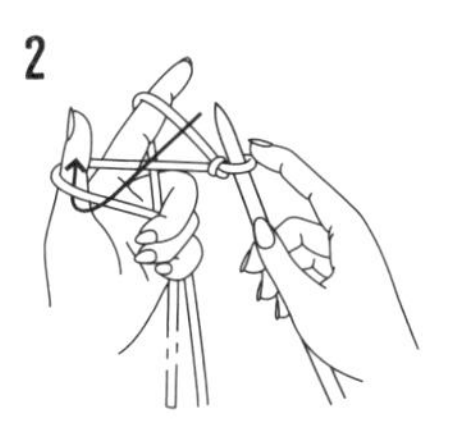

3

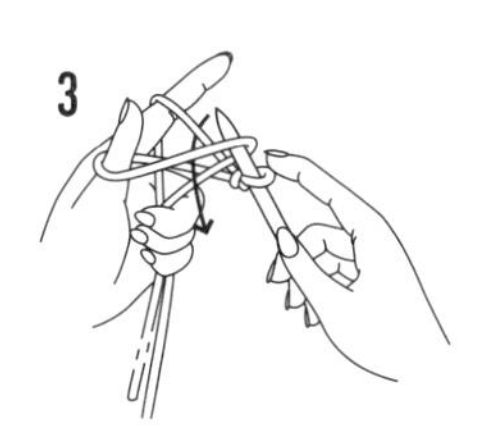

4

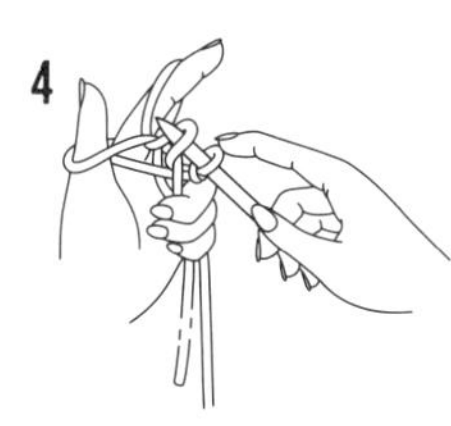

5

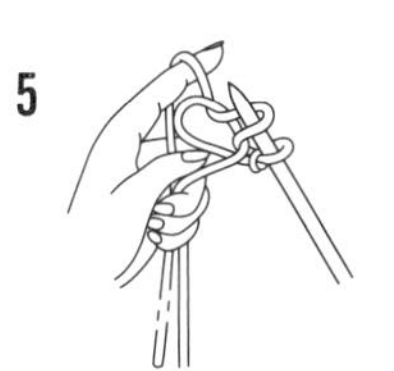

6

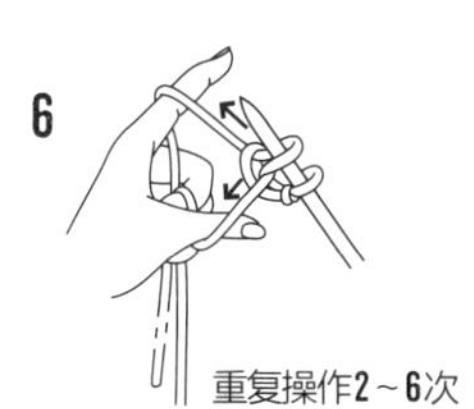

重复操作2～6次

7

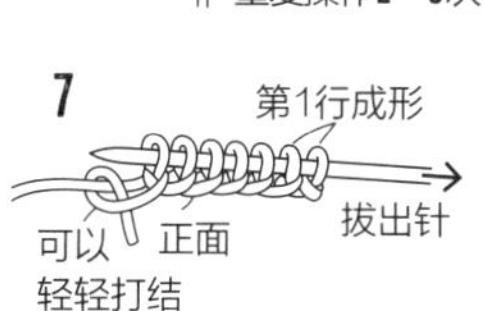

别线起针法

1

用其他的线钩织锁针

2

挑起锁针的里山
如图所示把线引出

3

重复操作2次

4

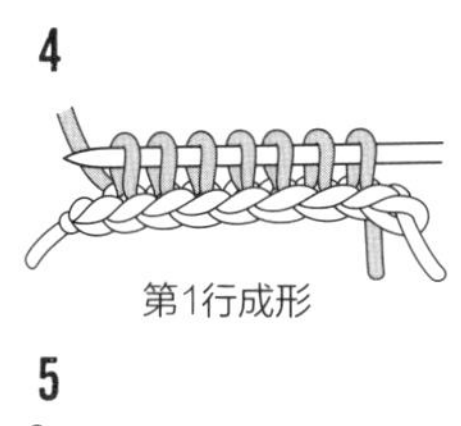

第1行成形

5

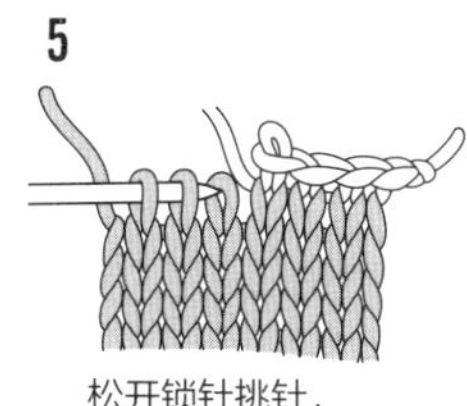

松开锁针挑针，
向相反方向编织

编织符号

丨 下针

1

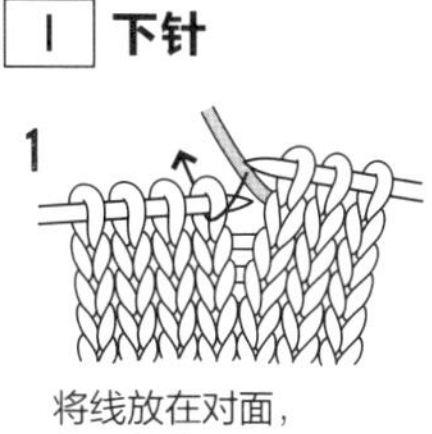

将线放在对面，
从面前将右针插入

2

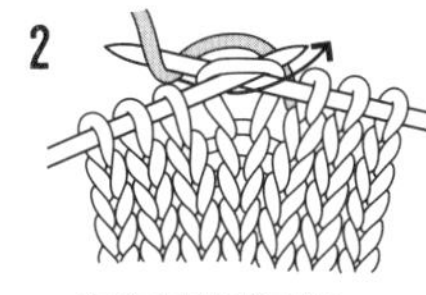

在右针挂线引出

3

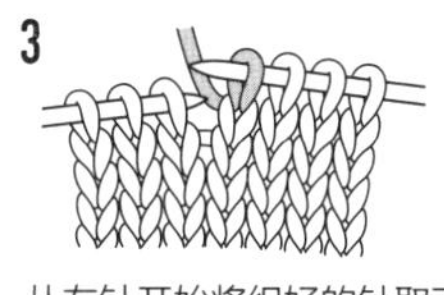

从左针开始将织好的针取下

— 上针

1

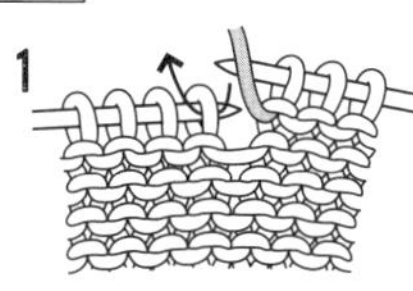

将线放在对面侧，
从跟前将右针插入

2

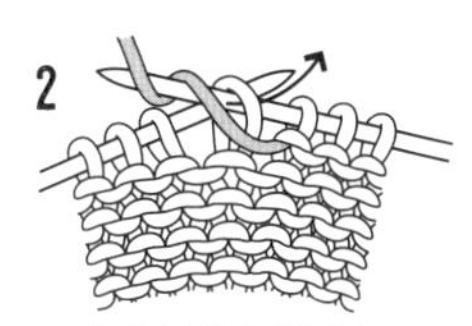

在右针挂上线引出

3

从左针开始将织好的针取下

○ 镂空针/挂针

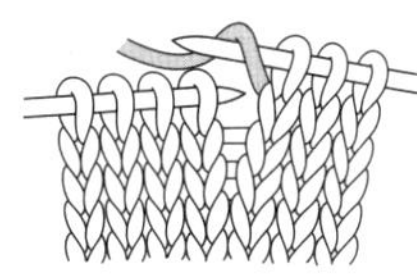

右针上挂上线从手前
面向对面挂上去

扭针

1

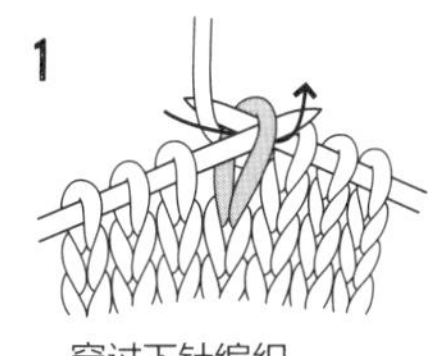

穿过下针编织

2

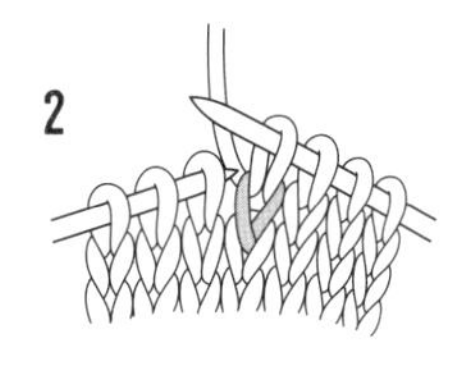

上针的扭针

※和扭针一样
穿过上针编织

卷加针

1

如图箭头所示将挂在左手
手指的线挑针编织

2

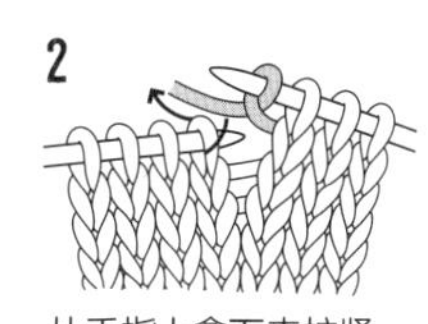

从手指上拿下来拉紧，
编织下一针

右上2针交叉

1

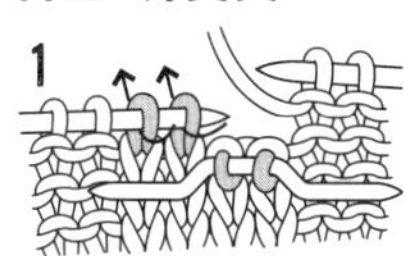

2

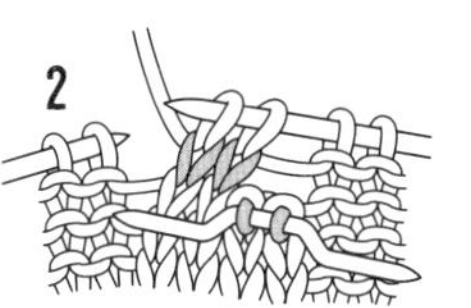

3

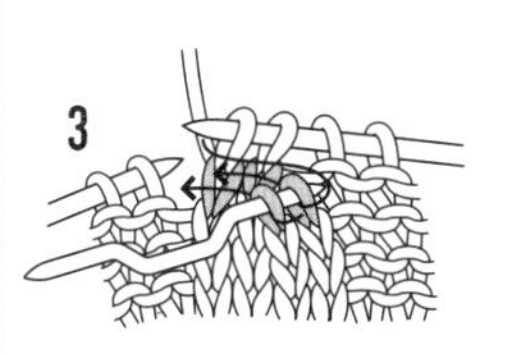

4

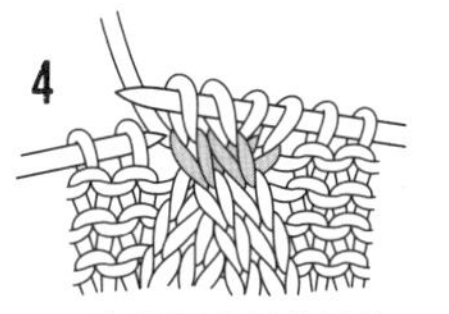

※知道具体针数的情况下
也使用同样方法编织

左上2针交叉

1

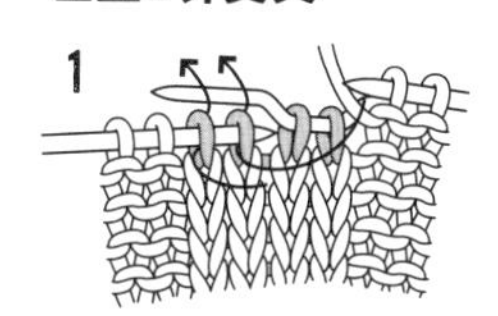

2

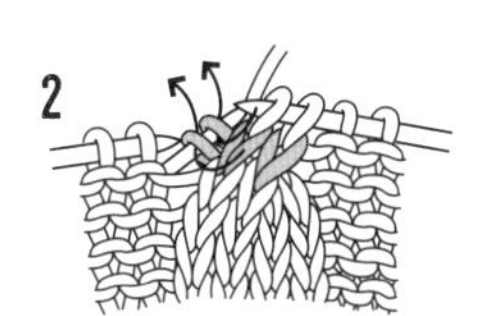

3

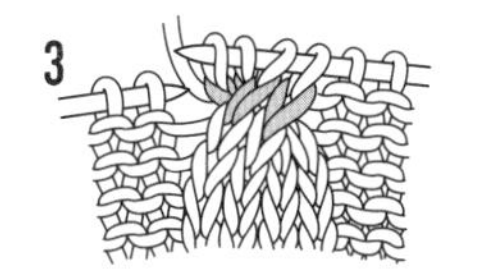

※知道具体针数的情况下
也使用同样方法编织

右上2针并1针

1

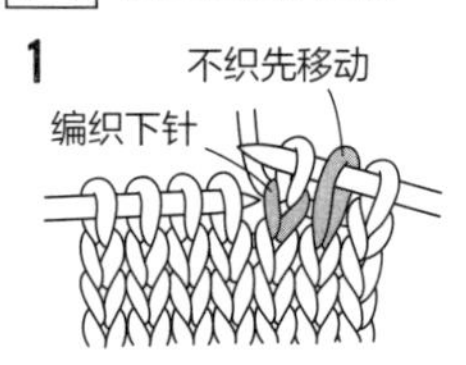

向右针1针移动
用下针编织下一针

2

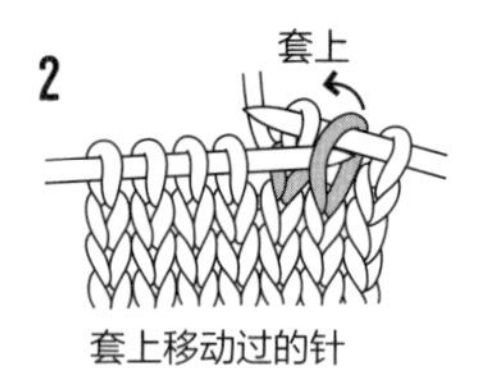

套上移动过的针

3

上针的右上2针并1针

1 改变针的方向
向右针移动2针

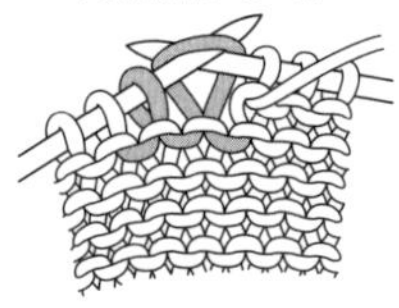

2 向左针移动2针

3 2针并一针

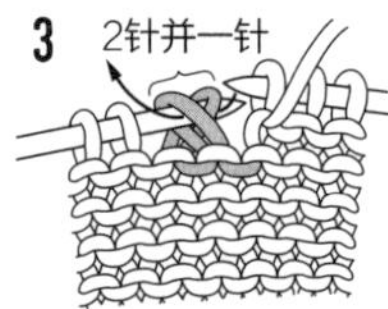

4

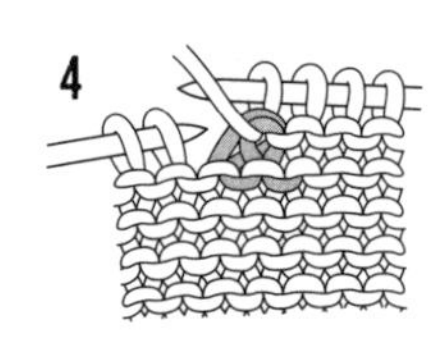

左上2针并1针

1

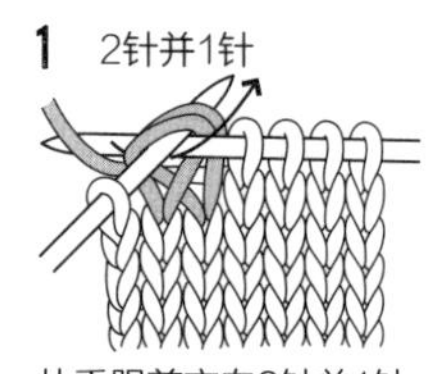

从手跟前方向2针并1针
插入针眼，织下针

2

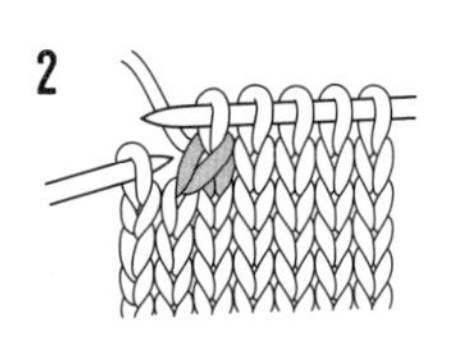

上针的左上2针并1针

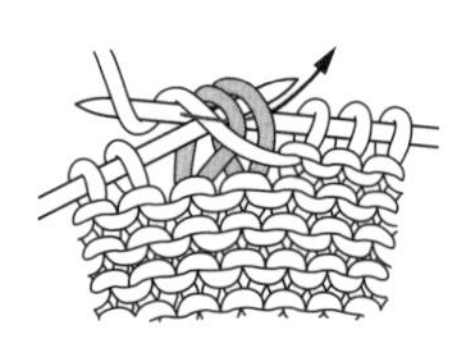

将右针插入左针的2针，
2针一起编织上针

右上3针并1针

1

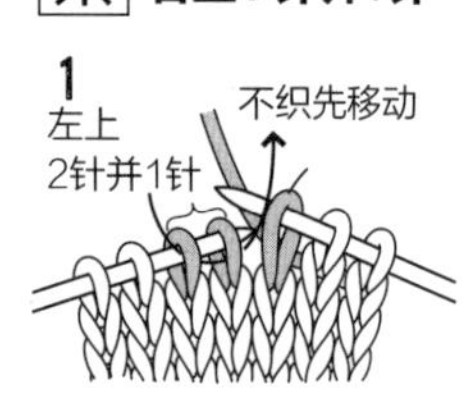

2

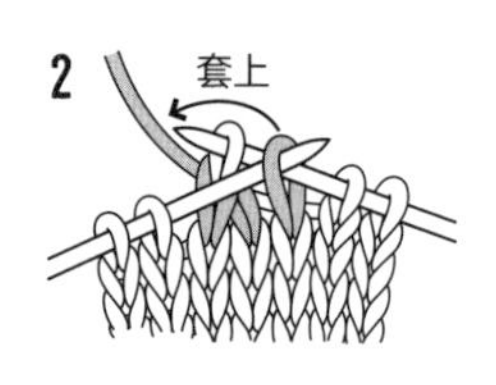

3

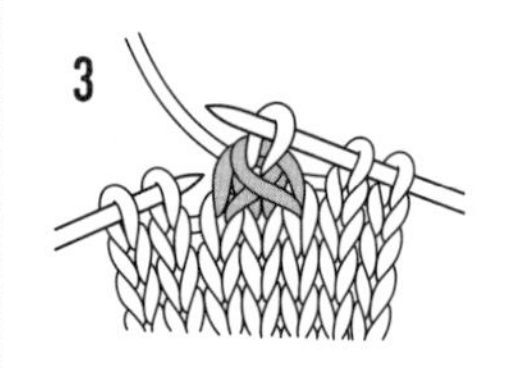

收针

1

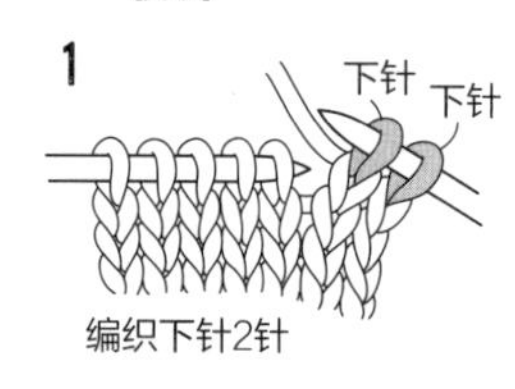

编织下针2针

2

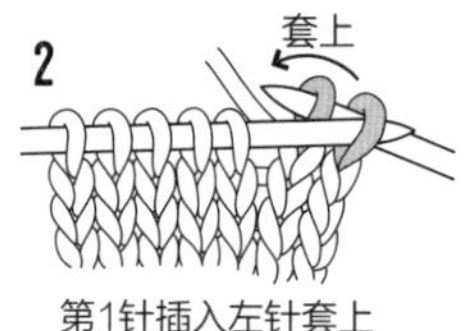

第1针插入左针套上
第2针

3

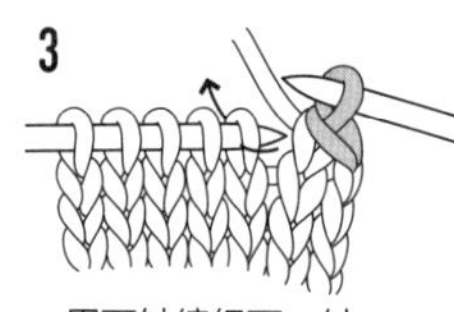

用下针编织下一针

4

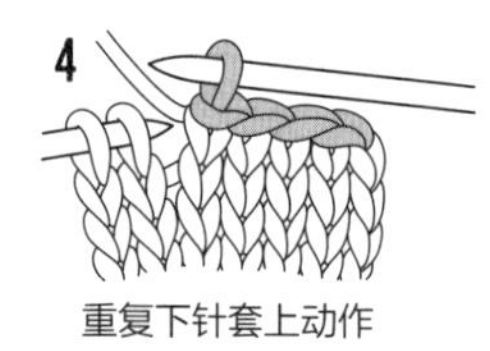

重复下针套上动作

正针的收针

1

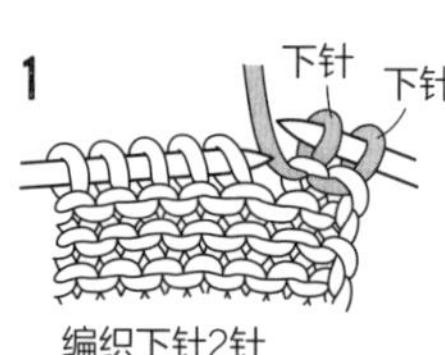

编织下针2针

2

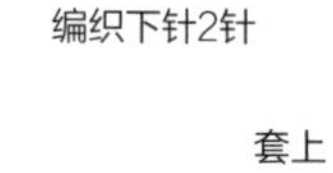

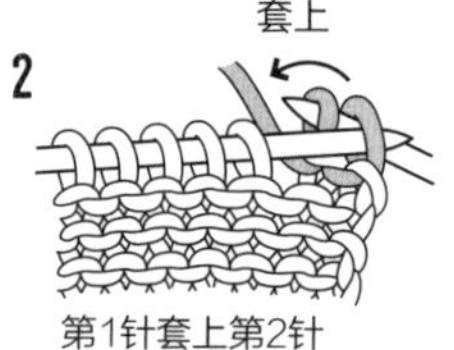

第1针套上第2针

3

重复下针套上动作

引拔针收针

1

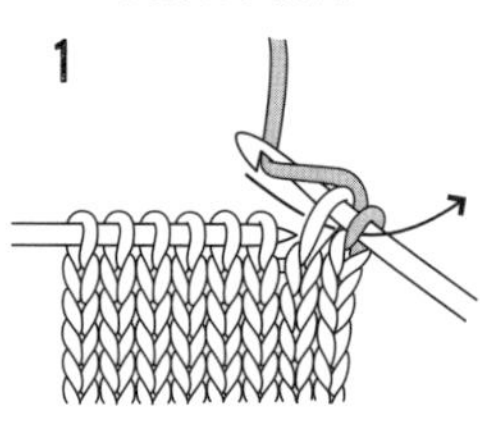

2

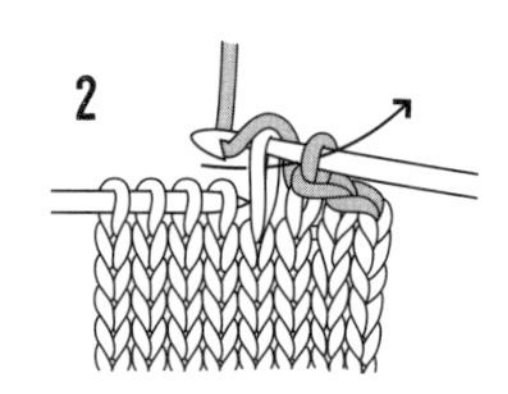

挑针缝合

1

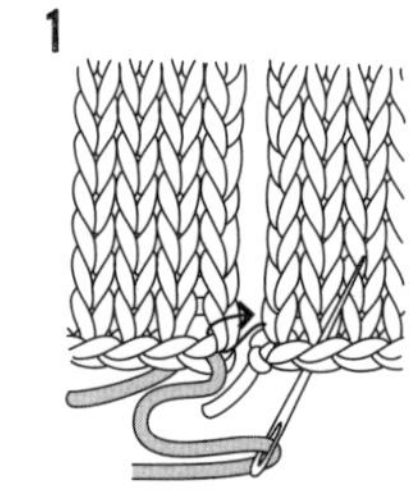

2

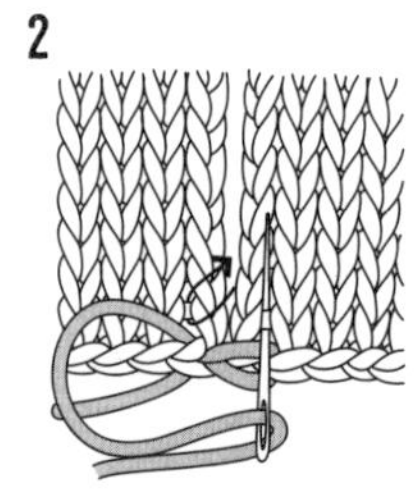

3

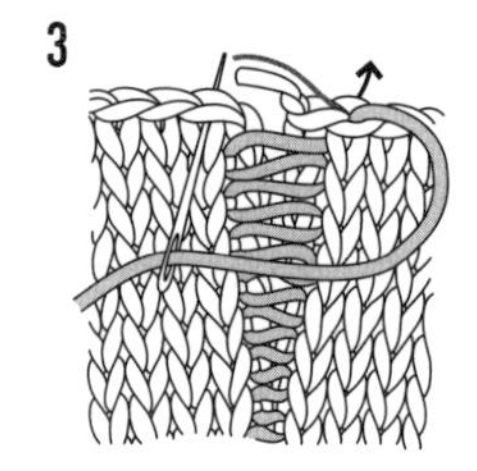

引拔针缝合收针

1

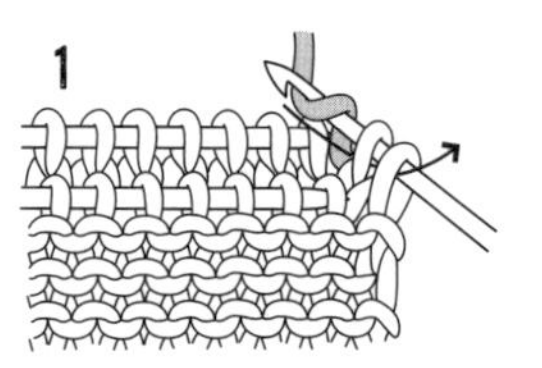

2

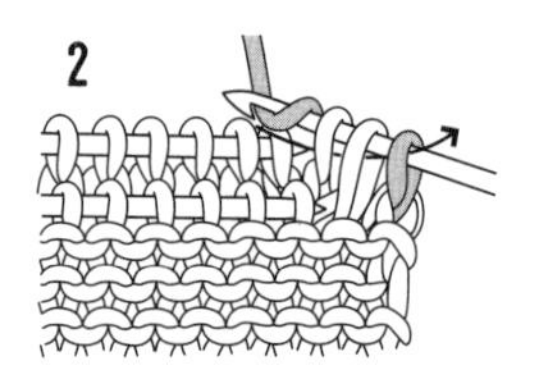

3

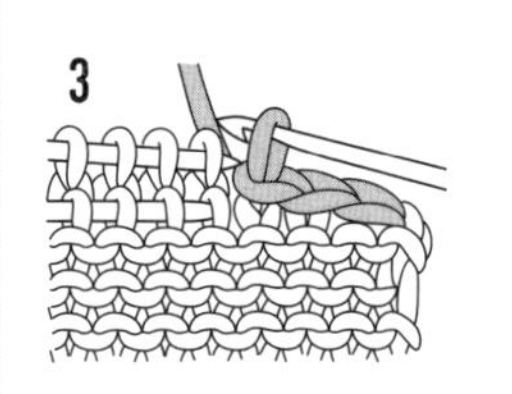

平针缝合收针

1

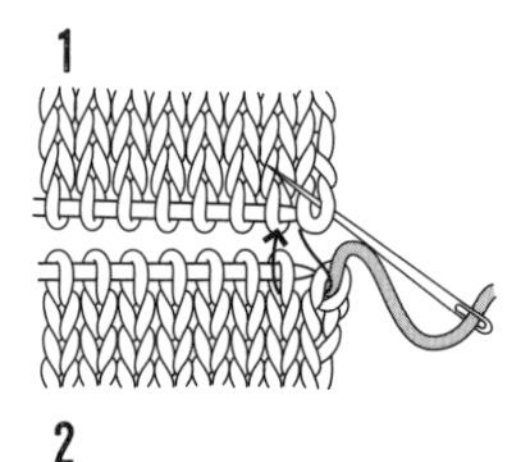

2

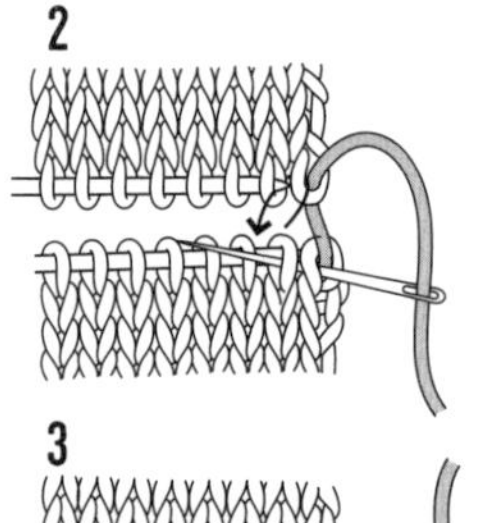

3

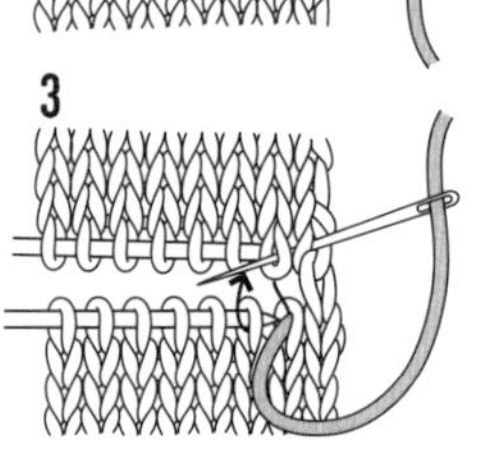

4

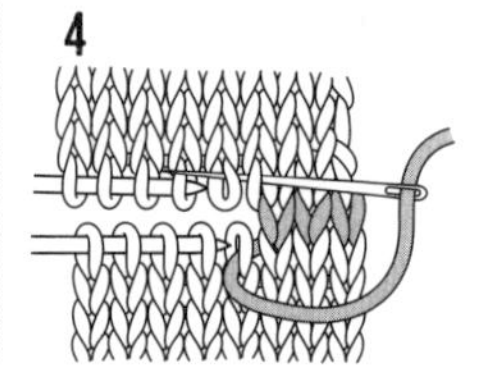

钩针编织

起针

环形起针

1

2

捏住线圈

3

钩织锁针1针

4

钩织短针

5

稍微拉一下可以拉动的线端，缩小线圈

6

拉线端收紧

7

将针插入第1针短针的头里，钩织引拔针

编织符号

锁针

1

2

3

4

基础针

5

锁针5针

短针

1

立起锁针1针

2

3

未完成的短针编织

4

引拔针

1

2

短针1针分2针

1

2

短针2针并1针

1

2

3

中长针

1

立起锁针2针

2

3

未完成的中长针

4

中长针3针的枣形针

1

未完成的中长针

2

未完成的中长针3针的枣形针

3

※知道具体针数的情况下也使用同样方法钩织

长针

1

立起锁针3针

2

3

未完成的长针

4

5

长针2针的枣形针

1

未完成的长针

2

未完成的长针2针的枣形针

3

※知道具体针数的情况下也使用同样方法钩织

长针1针分2针

1

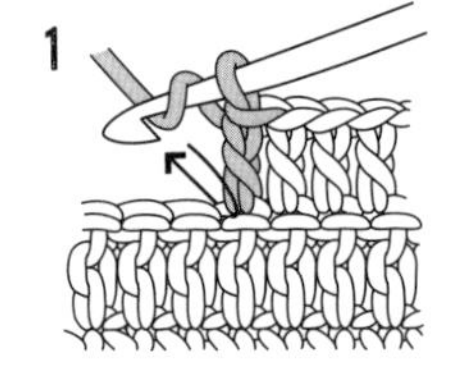

2

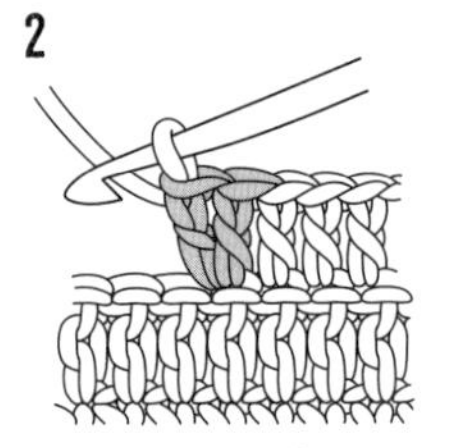

※知道具体针数的情况下也使用同样方法钩织

长针2针并1针

1

未完成的长针

2

未完成的长针2针并1针

3

锁针3针的狗牙拉针

1

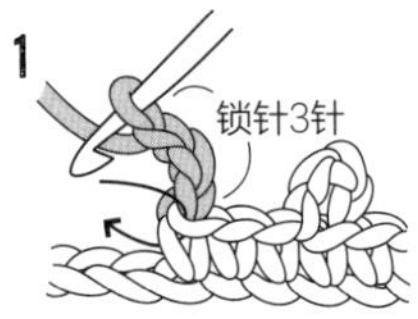

2

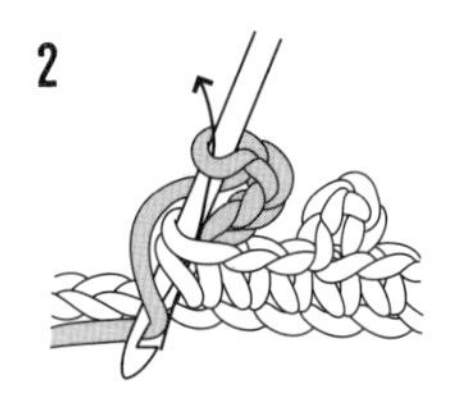

3

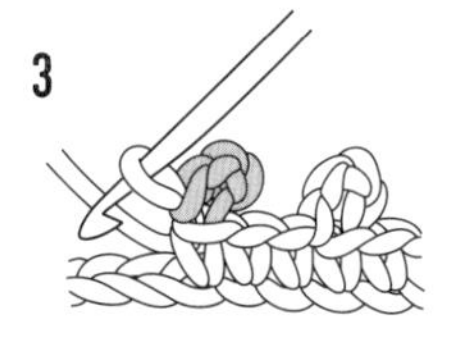

※知道具体针数的情况下也使用同样方法钩织

长长针

1

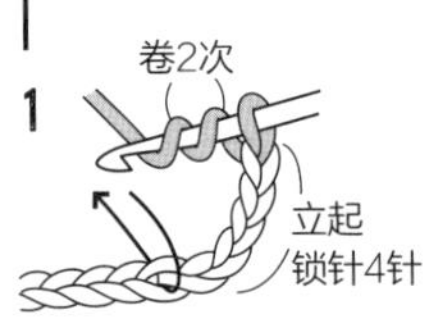

2

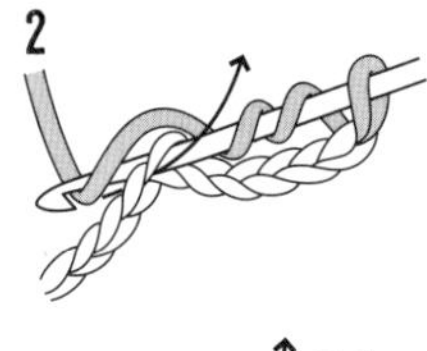

3

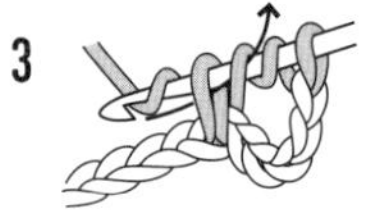

4

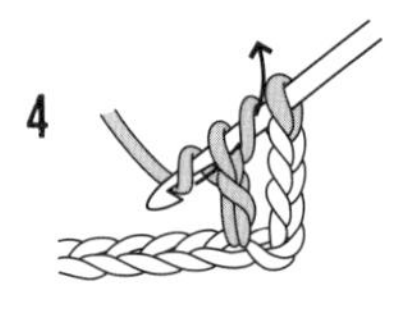

5

6

长长针2针并1针

※运用长针2针并1针的要领，引拔未完成的长长针钩织的2针并1针。

卷针接缝

1

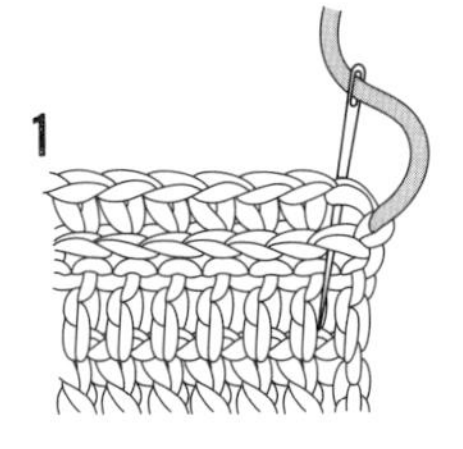

2

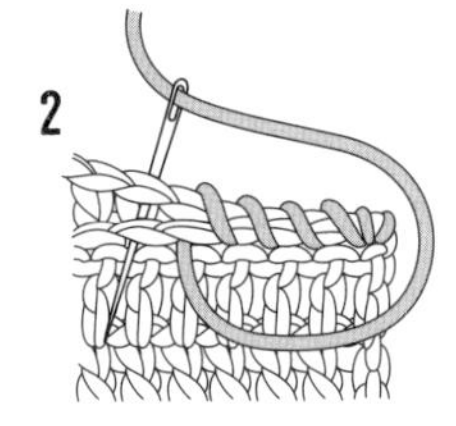

引拔针接缝

1

2

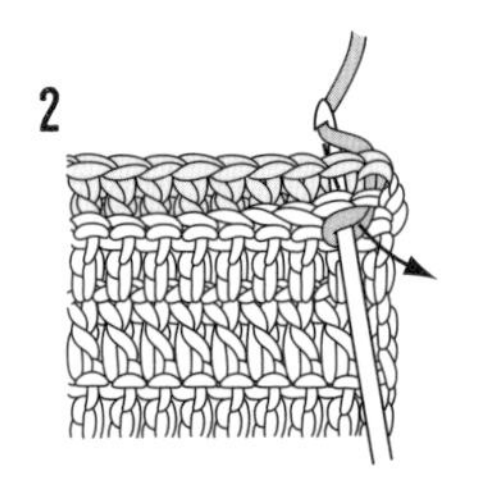

3

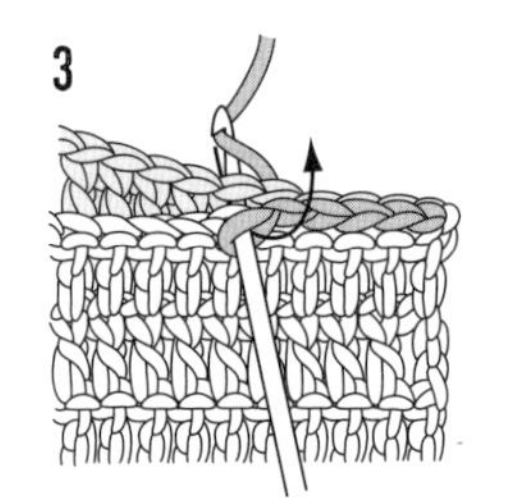

锁针和引拔针接缝

※将引拔针钩织的2部分合并收针，到下一个引拔针为止锁针编织指定的针数。

锁针和引拔针钉缝

1

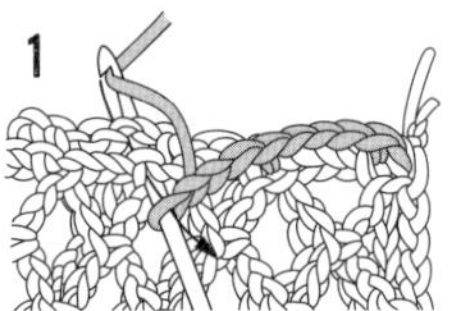

用引拔针将2部分缝合

2

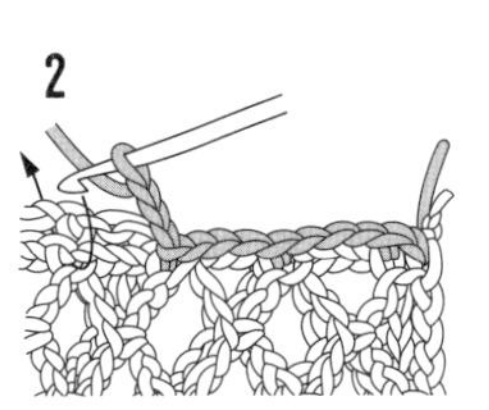

到下一个引拔针为止用锁针钩织指定的针数

引拔针钉缝

※这里虽然也要用到锁针和引拔缝合的要领编织，但是不用锁针而是把每一行引拔以后缝合。

连接锁针链

1

用缝合针起1针

2

在不影响外观的情况下从编织物的反面穿过

本书中使用的线

本书中所使用的线如下图所示。制品名称的色号名称后面所记载的数字为该制品的颜色号码。
关于线的咨询等相关问题，请参照本书最后一页。

P.5·49
阿兰花样连指手套
产品名称 Sonomono Alpaca Lily
白色（111）/Ⓗ
材料 羊毛80% 羊驼毛20%
线长 40g线团·约120m

P.7·53
树叶图案围巾
产品名称 Merino Angola silk 粉色（4）/Ⓡ
材料 羊毛60% 安哥拉羊毛20% 丝绸20%
线长 40g线团·约120m

P.8·52
波浪纹护腕手套
产品名称 Blue Gree America 蓝灰色（29）、
柠檬黄（25）/Ⓗ
材料 羊毛70% 丙烯30%
线长 40g线团·约110m

P.10·55
双色袜子
产品名称 korpokkur 绿色（12）、浅蓝色（21）、
深粉色（19）、红色（7）/Ⓗ
材料 羊毛40% 丙烯30% 尼龙30%
线长 25g线团·约92m

P.12·58
平针编织的斗篷
产品名称 Sonomono Hairy 淡灰色（124）、
米色（122）/Ⓗ
材料 羊驼毛75% 羊毛25%
线长 25g线团·约125m

P.15·60
提花图案帽子
产品名称 Soft Douegal 浅蓝色（5204）、
浅蓝色（5248）/Ⓟ
材料 羊毛100%
线长 40g线团·约75m

P.16·66
主题花样盖膝毯
产品名称 Percent mini 粉色（372）、
深红色（375）、柿子色（417）、橙色（386）、
黄绿色（316）、深粉色（414）、红色（374）、
橙粉色（415）、嫩草色（314）、淡绿色（409）、
绯红色（373）、桃红色（379）、淡黄色（306）、
冰绿色（335）、黄绿色（333）、黄色（401）、
淡粉色（383）、薄荷绿色（323）、绿色（407）、
淡蓝色（410）、柠檬黄（304）、浅淡蓝色（322）、
青绿色（408）、蓝色（342）、浅蓝色（340）/Ⓡ
R Percent 淡米色（123）/Ⓡ
材料 羊毛100%
线长 10g线团·约30m/40g线团·约120m
※Percent mini是风工房的原创自选产品。

P.18·62
渐变色三角披肩
产品名称 Alpaca extra
绿色系分层染色线（3）/Ⓗ
材料 羊驼毛82% 尼龙18%
线长 25g线团·约96m

P.20·64
镂空背心
产品名称 Ampato Suri 深绿色（615）/Ⓟ
材料 羊驼毛80%（使用Thule alpaca）
羊毛20%
线长 25g线团·约133m

P.22·57
基础花样围巾
产品名称 Cashmere（羊绒） 紫色（119）/Ⓡ
材料 羊绒100%
线长 20g线团·约92m

P.25·68
提花图案护腕手套
产品名称 Queen Anna 绿色（853）、
灰色（832）、白色（880）、红色（897）/Ⓟ
材料 羊毛100%
线长 50g线团·约97m

P.27·69
方格花样盖膝毯
产品名称 British Eroika
酒红色（168）/Ⓟ
材料 羊毛100%（英国羊毛50%以上使用）
线长 50g线团·约83m

P.29·71
主题花样披肩
产品名称 Soff Alpaca 灰色（11）/Ⓡ
材料 羊驼毛54% 尼龙46%
线长 25g线团·约115m

P.30·72
带有胸针的围脖
产品名称 Alpaca Mohair Fine
白色（1）/Ⓗ
材料 马海毛35% 丙烯35% 羊驼毛20%
羊毛10%
线长 25g线团·约110m

P.32·73
格子图案小挎包
产品名称 Percent 深绿色（31）、黄绿色（33）、
蓝色（106）、浅蓝色（39）、黄色（6）、
茶色（9）/Ⓡ
材料 羊毛100%
线长 40g线团·约120m

P.34·75
菠萝图案手提包
产品名称 Lino Fresco 水蓝色（314）/Ⓟ
材料 亚麻（Linen）100%
线长 25g线团·约100m

P.35·76
短针钩织的夏日包
产品名称 eco ANDARIA crochet 红色（805）、
原色线（801）/Ⓗ
材料 人造丝100%
线长 30g线团·约125m

P.37·78
贝壳图案束身上衣
产品名称 PIMA DENIM 蓝色（111）/Ⓟ
材料 棉花100%
线长 40g线团·约135m

P.39·80
灯笼袖雏菊花样针织衫
产品名称 Dear Linen 灰粉色（3）/Ⓗ
材料 亚麻100%
线长 25g线团·约112m

P.41·81
双色罩衫
产品名称 FOSSETTA 浅蓝色（4）、
白色（1）/Ⓡ
材料 棉花100%
线长 30g线团·约72m

P.42·84
短针钩织的帽子
产品名称 eco ANDARIA 复古黄色（69）/Ⓗ
材料 人造丝100%
线长 40g线团·约80m

P.44·86
菠萝花长披肩
产品名称 Abricots 黄色（16）/Ⓗ
材料 棉花100%
线长 30g线团·约120m

P.45·87
菠萝花高雅长披肩
产品名称 SILK FILINO 青磁色（7）/Ⓡ
材料 丝绸100%
线长 20g线团·约110m

P.46·88
方块花样披肩
产品名称 Soie de Eclat 原色线（1）/Ⓡ
材料 丝绸95% 聚酯纤维5%
线长 20g线团·约110m

P.47·89
斜纹花样围巾
产品名称 LUXSIC 淡绿色（621）/Ⓟ
材料 棉花100%
线长 40g线团·约136m

Ⓗ=HAMANAKA Ⓡ=HAMANAK RICHMORE
Ⓟ=Puppy

关于线的咨询

DAIDOH International Puppy事业部
☎03-3257-7135 http://www.puppyarn.com

Hamanaka·Hamanaka Rich More
☎075-463-5151 http://www.hamanaka.co.jp

书本设计／蓮尾真沙子（tri）
摄影／回里纯子
公文美和、下濑成美、中岛繁树、中迁涉、中野博安、南云保夫、
锅岛恭德、成清彻也、本间伸彦、三木麻奈
造型设计（封面）
发型&化妆/Tani Junko（p.10、23、28、32、36、43）
模特／春菜Melody、松岛惠美、岩崎良美
梅泽丽娜、理绘、Kana、Colliu、高见真奈美、
Hiromi、宫本理绘、山川未央、李·Momoka
制作方法解说／石原赏子
制作方法图／Day Studio（大楽里美）
校对／广濑水詠子
编辑／倉持咲子（NHK出版）

拍摄合作／Pharaoh ☎03-6416-8635

原文书名：簡単でかわいい　風工房の身にまとうニット
原作者名：風工房
KANTAN DE KAWAII KAZE KOBO NO MI NI MATOU KNIT by Kaze Kobo

Original Japanese edition published by NHK Publishing, Inc.
This Simplified Chinese language edition published by arrangement with NHK Publishing, Inc., Tokyo in care of Tuttle-Mori Agency, Inc., Tokyo through Shinwon Agency Co., Beijing Representative Office.

著作权合同登记号：图字：01-2018-5576

图书在版编目（CIP）数据

风工房的简单小物钩编／（日）风工房著；郑舟顺译. — 北京：中国纺织出版社有限公司，2019.8
ISBN 978-7-5180-6241-6

Ⅰ. ①风… Ⅱ. ①风… ②郑… Ⅲ. ①钩针—编织—图集 Ⅳ. ①TS935.521-64

中国版本图书馆CIP数据核字（2019）第099274号

策划编辑：阚媛媛　　责任编辑：李　萍
责任印制：储志伟　　责任设计：培捷文化

中国纺织出版社有限公司出版发行
地址：北京市朝阳区百子湾东里A407号楼　邮政编码：100124
销售电话：010—67004422　传真：010—87155801
http://www.c-textilep.com
E-mail:faxing@c-textilep.com
官方微博http://weibo.com/2119887771
北京华联印刷有限公司印刷　各地新华书店经销
2019年8月第1版第1次印刷
开本：889×1194　1/16　印张：6
字数：87千字　定价：49.80元

凡购本书，如有缺页、倒页、脱页，由本社图书营销中心调换